Wilfried Söker

PCL Level V

Einführung in die Programmierung mit dem HP LaserJet III

WILFRIED SÖKER

PCL LEVEL V

EINFÜHRUNG IN DIE PROGRAMMIERUNG MIT DEM **HP LASERJET III**

Die Deutsche Bibliothek – CIP-Einheitsaufnahme

Söker, Wilfried:
PCL Level V: Einführung in die Programmierung
mit dem HP-LaserJet III / Wilfried Söker. – Braunschweig:
Vieweg, 1992
  ISBN 978-3-663-14674-2

Die folgenden Produktbezeichnungen sind geschützte bzw. eingetragene Warenzeichen: PCL, HP-GL/2, LaserJet (Hewlett Packard Corp.); MS-DOS (Microsoft Corp.); UNIX (AT&T Corp.); Univers, Times Roman (Linotype AG); CG Times (Agfa Corp.); Turbo C (Borland Corp.)

Das in diesem Buch enthaltene Programm-Material ist mit keiner Verpflichtung oder Garantie irgendeiner Art verbunden. Der Autor und der Verlag übernehmen infolgedessen keine Verantwortung und werden keine daraus folgende oder sonstige Haftung übernehmen, die auf irgendeine Art aus der Benutzung dieses Programm-Materials oder Teilen davon entsteht.

Umschlaggestaltung: Schrimpf & Partner
Druck und buchbinderische Verarbeitung: W. Lengericher Handelsdruckerei, Lengerich
Gedruckt auf säurefreiem Papier

ISBN 978-3-663-14674-2   ISBN 978-3-663-14673-5 (eBook)
DOI 10.1007/978-3-663-14673-5

Vorwort

Mit dem Erscheinen von PCL 5 stellt die Firma Hewlett-Packard eine preiswerte Laserdrucker-Familie mit der Möglichkeit der Integration von Text und Graphik zur Verfügung. Die gleichzeitige Darstellung von Vektor-Graphik, scalierbarer Schrift sowie komprimierten Bildern versetzen das neue PCL 5 in die Lage, auch den Anforderungen moderner DTP-Programme gerecht zu werden.

Dieses Buch wendet sich an Personen, die einen PCL-Drucker mit eigenen Programmen steuern oder Treiberprogramme modifizieren möchten. Da sich viele Probleme leichter lösen lassen, wenn man einmal gesehen hat, wie es grundsätzlich geht, habe ich einige größere C-Programme in das Buch aufgenommen. Zu den Programmen gehören unter anderem ein Ausschlußprogramm, ein Programm zum Berechnen und Drucken von Mandelbrot-Figuren unter der Berücksichtigung der TIFF-Komprimierung und ein Programm zur Erzeugung von 100 und mehr verschiedenen Graustufen. Insbesondere die mit dem abgedruckten Programm mögliche massive Vermehrung der Graustufen erschließt PCL 5 neue Anwendungen.

Selbstverständlich ist das vorliegende Buch vollständig auf einem LaserJet III Laserdrucker mit PCL 5 erzeugt worden. Alle abgedruckten C-Programme wurden mit »cc« unter Unix 5.3 und mit Turbo-C übersetzt und getestet. Die Quelltexte zu allen Programmen sind auf der Diskette beigefügt.

An dieser Stelle möchte ich mich bei Hewlett-Packard für die Unterstützung bei der Realisierung dieses Buches bedanken.

Wilfried Söker

Inhaltsverzeichnis

1 Einleitung

Von allen derzeit verwendeten Kontrollsprachen für Laserdrucker hat die Sprache »PCL« (*engl. Printer Control Language*) die mit Abstand weiteste Verbreitung gefunden. Während bei den ersten Versionen von PCL die Sprache rein textorientiert und die Gestaltungsmöglichkeit sehr eingeschränkt war, wurde mit der nun vorliegenden Version »PCL 5« die graphische Sprache »HP-GL/2« integriert. Damit werden auch anspruchsvolle Ausgaben mit Text-Graphik-Integration und Schriften in beliebigen Größen auf einem PCL-Drucker in hoher Qualität realisierbar.

Die Steuerung eines Laserdruckers durch die Sprache PCL ist sinnvoll nur durch ein Umwandlungsprogramm möglich, da die Befehle durch ein nicht druckbares Kontrollzeichen, das Escape, eingeleitet werden. Auch die nachfolgenden Zeichen enthalten keine lesbaren Befehle, sondern scheinbar willkürlich gewählte Buchstabenkombinationen. Ein solches Umwandlungsprogramm (Treiber) läuft normalerweise automatisch ab, wenn in einem Anwendungsprogramm, wie beispielsweise ein Textverarbeitungsprogramm oder ein Desktop-Publishing-Werkzeug, die Ausgabe an einen PCL-Drucker aktiviert wird. Da in diesem Buch die direkte Programmierung eines PCL-Druckers mit PCL-Kommandos ermöglicht werden soll, habe ich den Weg eines eigenen kleinen Umwandlungsprogrammes gewählt, um unverfälscht PCL anwenden zu können.

Das Umwandlungsprogramm vermeidet nicht-druckbare Zeichen und bietet zudem die Möglichkeit, Kommentare zum besseren Verständnis einzuflechten. Sie finden das Programm, das ich 'wspcl' genannt habe, auf der beigefügten Diskette und im Anhang. Selbstverständlich soll das Programm 'wspcl' nur der Erforschung der Möglichkeiten von PCL dienen. In der realen Anwendung werden die Befehle in einem Treiber eingebaut oder in Programme integriert.

Mit dem Aufruf des Programmes durch »wspcl Datei >lpt1:« werden die Daten in der Datei bearbeitet und anschließend an den an der parallelen Schnittstelle eines PC's angeschlossenen Drucker ausgegeben.

Wird das Programm auf einem Unix-Rechner aufgerufen, lautet der Befehl »wspcl Datei | lp«.

Die Daten in der Datei werden nach der Buchstabenfolge »(-« durchsucht, da diese die Befehle von »wspcl« einleiten. Es stehen vier verschiedene Befehle zur Verfügung:

```
1.     (-ESC [string] Kommentar -)
2.     (-FF   Kommentar -)
3.     (-K    Kommentar -)
4.     (--
```

Der erste Befehl dient der Ausgabe von Escape-Sequenzen, wobei nach dem ASCII-Kode für Escape eine Buchstabensequenz (*engl. string*) ausgegeben werden kann. Diese Sequenz durch mit eckige Klammern begrenzt. Alle anderen Textteile bis zum Endekennzeichen »-)« werden ignoriert und können zur Kommentierung verwendet werden. Soll beispielsweise die Sequenz »Escape«E für den Reset-Befehl ausgegeben werden, könnte das in »wspcl« wie folgt aussehen:

```
(-ESC [E] Zuerst ein Reset ausgeben! -)
```

Gleiches gilt für den zweiten Befehl, der einen Seitenvorschub (*engl. form feed*) erzeugt. Der dritte Befehl dient dem Einfügen von Kommentaren, ohne daß dies zu einer Ausgabe führt. Als letztes sei die Sequenz »(--« erwähnt, mit der die Buchstabenfolge »(-« erzeugt werden kann, falls sie im auszugebenden Text auftauchen soll.

Das erforderliche Befehlsende »-)« bei den Befehlen »ESC«, »FF« und »K« kann auch durch ein Zeilenende ersetzt werden. Dieses Zeilenende wird nicht ausgegeben. Die beiden folgenden Beispiele sind also gleichbedeutend:

```
1.   (-ESC [E] Zuerst ein Reset -)Nun folgt der Text.

2.   (-ESC [E] Zuerst ein Reset
     Nun folgt der Text.
```

Für DOS-Rechner finden Sie auf der Diskette das ausführbare Programm »wspcl.exe«. Unter anderen Betriebssystemen muß das

Programm durch Übersetzen mit einem C-Kompiler neu erzeugt werden. Auf Unix-Rechnern geschieht dies beispielsweise mit dem Befehl »cc wspcl.c -o wspcl«.

Bei der Übersetzung der C-Programme aus diesem Buch auf einem PC unter DOS sollte das Compact-Model (Datenbereich > 64kB) verwendet werden. Außerdem muß die Konstante »DOS« gesetzt werden.

2 Einfache Textausgaben

2.1 Steuerbefehle für den Drucker

Neben der reinen Ausgabe von Text müssen dem Drucker natürlich auch Einstellungen und Spezialkommandos mitgeteilt werden. Um den Drucker zu solchen Aktivitäten zu bewegen, muß er durch Steuerbefehle motiviert werden. Die Steuerbefehle von PCL sind in zwei Gruppen unterteilt. Die erste Gruppe besteht einfach aus den Steuerkodes aus dem ASCII-Zeichensatz, wie beispielsweise *Carriage Return*, *Line Feed* oder *Form Feed* (zu deutsch Wagenrücklauf, Zeilenvorschub und Seitenvorschub).

Die eigentlichen PCL-Befehle befinden sich in der zweiten Gruppe. Sie werden durch das Zeichen *Escape* eingeleitet, weshalb die Befehle auch als *Escape-Sequenzen* bezeichnet werden. Dieses Zeichen, das den ASCII-Kode 27 besitzt, gehört zu den nicht druckbaren Zeichen, die auf dem Drucker oder dem Terminal nicht direkt dargestellt werden können. Aus diesem Grund kann es auch mit den meisten Editoren nicht direkt erfaßt werden. In weiterer Verlauf des Buches soll das *Escape* als Zeichen durch ein ESC gekennzeichnet werden.

An dieser Stelle sollen nun die ersten beiden Kommandos eingeführt werden, um das Werkzeug *wspcl* auszuprobieren. Das erste Kommando besteht aus einem ESC und dem Buchstaben »E« und bringt den Drucker in den Grundzustand.

P C L	Drucker initialisieren ESC *E*	P C L

Ein solches Kommando ist notwendig, da alle Einstellungen des Druckers solange aktiv bleiben, bis sie widerrufen werden. Das bedeutet mit anderen Worten, daß eine an den Drucker gesandte Seite mit dem Zustand des Druckers fertig werden muß, den der letzte Druckauftrag hinterlassen hat.

Aus diesem Grund wird der Drucker am Beginn eines Druckauftrags reinitialisiert. Für die Konvertierung durch *wspcl* erfassen wir die folgende Zeile in unsere Testdatei »test.pcl«:

```
(-ESC [E] Printer Reset-)
```

Diese Zeile könnten wir zwar an den Drucker senden, aber durch den Befehl »Printer Reset« allein wird keine sichtbare Reaktion ausgelöst, anhand derer wir sehen können, daß wirklich ein Befehl ausgewertet wurde. Deshalb soll an dieser Stelle noch ein weiterer Befehl eingeführt werden, der zu einem sichtbaren Verhalten führt. Dieser Befehl heißt »Halfline Feed« und wird mit der Sequenz »ESC=« aufgerufen. Durch ein »Halfline Feed« wird ein Zeilenvorschub mit dem halben Zeilenabstand ausgeführt.

P C L	Halber Zeilenvorschub ESC =	P C L

Zusätzlich soll die Seite durch einen Seitenvorschub ausgegeben werden. Dies geschieht durch die Ausgabe des Kontrollzeichens »Form Feed«, das durch »(-FF-)« erzeugt werden kann.

Unsere Testdatei »test.pcl« wird nun wie folgt erweitert:

```
(-ESC [E] Printer Reset-)Hier steht die erste Zeile.
Zeile Zwei.(-ESC [=] Halfline Feed-)Zeile Drei.
Die vierte Zeile ist wieder normal.
(-FF Seite ausgeben
```

Nachdem die Datei wie im obigen Beispiel editiert ist, wird durch das Programm *wspcl* in das richtige PCL-Format umgewandelt und an den Drucker gesendet. Als Beispiel dient hier der Aufruf für die Ausgabe auf einem PC unter DOS:

```
wspcl test.pcl LPT1:
```

Die Seite kann, je nachdem von welchem Computer die Ausgabe gestartet wurde, eines der beiden folgenden Formate haben.

Möglichkeit a)

```
Hier steht die erste Zeile.
Zeile Zwei.
Zeile Drei.
Die vierte Zeile ist wieder normal.
```

Möglichkeit b)

```
Hier steht die erste Zeile.
                        Zeile Zwei.
                                Zeile Drei.
                                        Die ...
```

Die Ursache für das vom Betriebssystem abhängige Verhalten liegt in der Verwendung von unterschiedlichen Zeilenenden. Beispielsweise werden bei DOS-Maschinen die Zeilen durch einen Wagenrücklauf (*Carriage Return*, ASCII-Code 13) beendet, während UNIX-Maschinen die Zeilen gewöhnlich mit einem Zeilenvorschub (*Line Feed*, ASCII-Kode 10) abschließen. Glücklicherweise läßt sich das Verhalten des PCL-Druckers an die verschiedenen Zeilenende-Bedingungen durch den *Line Termination*-Befehl anpassen.

Die Einstellung des Zeilenabschlusses erfolgt mit einer parametrisierten *Escape*-Sequenz, also einem Befehl mit einem Argument. Solche Befehle bestehen aus dem Zeichen »Escape«, zwei Buchstaben, dem Argument und dem Befehlsabschluß. Das Argument ist meist eine dezimale Zahl.

Der Befehl zur Einstellung des Zeilenabschlusses umfaßt fünf Buchstaben. Die ersten drei Buchstaben sind »ESC&k« und dienen dem Drucker als Signal, daß nun der Zeilenabschluß eingestellt wird. Der nächste Buchstabe ist Argument zu diesem Befehl und kennzeichnet die Art des Zeilenabschlusses. Hinter dem Argument wird die Escape-Sequenz durch ein »G« abgeschlossen.

P C L	Zeilenabschluß einstellen ESC & k zahl G	P C L

Ist das Argument »0«, werden die Zeilenabschlüsse unverändert übernommen. Die Ziffer »1« bedeutet, daß alle *Carriage Return* automatisch um ein *Line Feed* erweitert werden. Bei einer »2« als Argument wird vor das *Form Feed* und vor das *Line Feed* ein *Carriage Return* gesetzt. Die vierte und letzte Möglichkeit wird durch eine »3« angewählt. Hier werden sowohl *Carriage Return* als auch *Line Feed* durch die Kombination »*Carriage Return + Line Feed*« ersetzt. Außerdem wird aus einem *Form Feed* die Kombination »*Carriage Return + Form Feed*«.

Wenn nun das Druckergebnis des Beispiels der Variante b) entspricht, werden wir nach dem Befehl »Drucker-Reset« einen Befehl »Zeilenabschluß« mit dem Argument »2« eingeben. Der Zeilenabschluß-Befehl lautet also »ESC&k2G« und das erweiterte Beispiel-Programm sieht wie folgt aus:

```
(-ESC [E]-)(-ESC [&k2G] -)Hier steht die erste Zeile.
Zeile Zwei.(-ESC [=] Halfline Feed-)Zeile Drei.
Die vierte Zeile ist wieder normal.
(-FF Seite ausgeben
```

2.2 Seiteneinstellungen

Grundsätzlich lassen sich die Seiten im Hochformat (Portrait) oder im Querformat (Landscape) bedrucken. In jedem Fall existiert auf dem Blatt ein linker und ein rechter Rand, der sich nicht adressieren läßt. Außerdem gibt es noch einen Rand am oberen und am unteren Ende der Seite, den man zwar adressieren kann, der aber trotzdem nicht bedruckt werden kann. Bei einer A4-Seite ist der seitliche Rand etwa 6 mm und der obere Rand etwa 4,2 mm breit.

Die Einstellung der Seitenorientierung erfolgt mit dem Befehl »ESC&l#O«, wobei das Zeichen »#« als Platzhalter für das Argument dient, daß die Orientierung bestimmt. Ist das Argument die Ziffer »0«, wird die Seite im Hochformat bedruckt. Das Querformat wird mit der Ziffer »1« angewählt. Vollständig lauten die Befehle nun für das Hochformat »ESC&l0O« und für das Querformat »ESC&l1O«.

P C L	Seitenorientierung einstellen ESC *& l zahl O*	P C L

Für einfache Anwendungen werden die Zeilenpositionierungen dem Drucker überlassen. Damit dieser beispielsweise weiß, wieviele Zeilen auf eine Seite gedruckt werden sollen oder wieviele Zeichen in eine Zeile passen, sind zuerst zwei Basisgrößen wichtig: der »Horizontal Motion Index«, kurz »HMI«, und der »Vertical Motion Index«, kurz »VMI«.

Der »HMI« bestimmt die Breite der Zeichen, bei Proportionalschriften nur die Breite des Leerzeichens (Keil). Gesetzt wird der »HMI« bei der Aktivierung eines Fonts abhängig von dessen Schriftgrad (=Größe der Zeichen). Den »HMI« kann man zwar modifizieren, allerdings ist das normalerweise nicht sehr sinnvoll.

Interessanter ist der »VMI«, der den Abstand zwischen zwei Zeilen in Einheiten von 1/48tel Inch ($\approx$ 0,53 mm) definiert. Zur Berechnung des erforderlichen VMI-Wertes aus einem gewünschten Zeilenabstand in Millimetern muß der Abstand mit 48 multipliziert und das Ergebnis dann durch 25.4 dividiert werden. Die Escape-Sequenz zum Einstellen des »VMI« lautet »ESC&l#C« mit dem Platzhalter »#« für den Zeilenabstand. Es ist darauf zu achten, daß die Nachkommastellen entsprechend der amerikanischen Gewohnheit mit einem Punkt getrennt werden.

P C L	VMI einstellen ESC *& l zahl C*	P C L

Wird beispielsweise ein Zeilenabstand von 8 mm gefordert, so ergibt sich der VMI-Wert wie folgt:

$$VMI = \frac{8\ mm\ *\ 48}{25,4\ mm} = 15,1181$$

Daraus folgt die Escape-Sequenz »ESC&*l*15.1181C«. Ein »wspcl«-Programm zum Ausprobieren:

```
(-ESC [&l15.1181C] -)Zeile 1
Zeile 2
Zeile 3
Abstand bitte nachmessen
```

Als nächster Wert soll nun die Zahl der Zeilen auf einer Seite eingestellt werden. Das geschieht mit der Sequenz »ESC&*l*#F« mit der geforderten Anzahl der Zeilen als Argument (#). Falls die Anzahl der Zeilen nicht auf die Seite paßt, wird der Befehl ignoriert. Sollen nun 80 Zeilen auf einer Seite erscheinen, wird das mit der Sequenz »ESC&*l*80F« erreicht.

P C L	Zeilen pro Seite einstellen ESC & *l zeilen* F	P C L

Der obere Rand wird durch den Befehl »ESC&*l*#E« eingestellt. Das Argument gibt die Anzahl der Zeilen an, die am Beginn einer Seite freigelassen werden sollen. Sind das beispielsweise fünf Zeilen, ergibt sich eine Sequenz »ESC&*l*5E«.

P C L	Oberen Rand der Seite einstellen ESC & *l zeilen* E	P C L

Der linke und der rechte Rand können durch die Angabe der entsprechenden Spalten gesetzt werden. Die Standardeinstellung ist für den linken Rand die Spalte 0 und für den rechten Rand die Spalte am rechten Rand der bedruckbaren Seite. Die Einstellung des linken Randes erfolgt nun durch die Sequenz »ESC&a#L« und die des rechten Randes durch »ESC&a#M« mit der entsprechenden Spaltennummer als Argument.

<table>
<tr><td>P
C
L</td><td>Linken Rand einstellen

    ESC & a spalte L</td><td>P
C
L</td></tr>
</table>

<table>
<tr><td>P
C
L</td><td>Rechten Rand einstellen

    ESC & a spalte M</td><td>P
C
L</td></tr>
</table>

Soll eine Seite bei Spalte 5 beginnen und bei Spalte 85 aufhören, lauten die Sequenzen »ESC&a5L« und »ESC&a85M«. In Fällen, in denen zwei oder mehr Sequenzen im Bereich vor dem Argument gleich aussehen, können diese zusammengefaßt werden. Hierzu wird das Abschlußzeichen der ersten Sequenz als Kleinbuchstabe angegeben. Daran schließt sich dann sofort das Argument des nächsten Kommandos an. Die Einstellung der Ränder gemäß dem letzten Beispiel könnte also auch mit der Sequenz »ESC&a5*l*85M« erfolgen.

Nun haben wir alle Befehle zusammen, die für einfache Textausgaben notwendig sind. Als wesentliches Element fehlt eigentlich nur noch die Auswahl des Fonts und dessen Größe (Schriftgrad), aber die Standardeinstellung mit dem Font »Courier« im Schriftgrad 12 Punkt (1 Punkt sind hier 1/72tel Inch) soll hier ausreichen.

Aufgabe 2.1: *Stellen Sie den Drucker so ein, daß die Seite im Querformat mit einer Zeilenlänge von 80 Zeichen ausgegeben wird. Der linke Rand soll bei Spalte 4 beginnen und der obere Rand soll 5 Zeilen umfassen. Insgesamt sollen 25 Zeilen auf eine Seite passen. Nachdem die entsprechenden Sequenzen ausgegeben worden sind, soll mindestens eine Seite Text folgen, um die Einstellung zu kontrollieren.*

3 Fontwahl

Dieses Kapitel befaßt sich mit der Einstellung der Fonts. Mit der Einstellung von Fonts ist nicht nur das Anwählen einer Schrift gemeint, vielmehr gibt es mehr als ein halbes Dutzend verschiedener Fontparameter, die zusammen das gewünschte Font bestimmen.

Eine der großen Verbesserungen von PCL 5 ist die Integration von Outline-Fonts neben den immer noch vorhandenen Bitmap-Fonts. Outline-Fonts sind Schriften, die erst beim Drucken in einzelne Pixel aufgelöst werden, im Gegensatz zu den Bitmap-Fonts, die schon vorgerechnet sind. Der große Vorteil der Outline-Fonts ist nun, daß sie, obwohl die Daten nur für einen Schriftgrad (= Größe der Zeichen) vorliegen, in jeden anderen Schriftgrad ohne Qualitätsverlust umgerechnet werden können. Auch können diese Schriften ohne Probleme um jeden beliebigen Winkel gedreht werden. Letzteres ist in PCL 5 durch die Integration von HP-GL/2 realisiert.

Die einzelnen Fontparameter, mit denen wir uns nun beschäftigen wollen, sind »Typeface Family«, »Stroke Weight«, »Style«, »Height«, »Pitch«, »Spacing« und »Symbol Set«. Wenn einer dieser Parameter geändert wird, bleiben alle anderen Einstellungen erhalten.

3.1 Typeface Family

Der Begriff »Typeface Family« bedeutet Schriftenfamilie und steht für den Namen des Fonts. Dieser Name ist meist ein urheberrechtlich geschützter Name. Standardmäßig wird der Drucker mit der Schriften »Courier«, »Line Printer«, »CG Times« und »Univers« ausgestattet. Die Auswahl des Schrifttyps erfolgt durch die Sequenz »ESC(s#T«. Das Argument bestimmt den Schrifttyp, wobei jeder Typ durch eine Nummer identifiziert wird.

<table>
<tr><td>P
C
L</td><td>Schriftenfamilie wählen

 ESC (s Schrifttyp T </td><td>P
C
L</td></tr>
</table>

Die Nummern für die Standardschriften sind:

```
  Schrifttyp   │ Nummer
   Courier     │   3
 Line Printer  │   0
   CG Times    │  4101
   Univers     │  4148
```

Die Schrift »CG Times«, mit der auch dieser Text ausgegeben wurde,
wird also durch die Sequenz »ESC(s4101T« angewählt.

3.2 Stroke Weight

Der Begriff »Stroke Weight« bezeichnet die Strichdicke des Fonts, das
heißt, ob das Font mager, normal, halbfett oder fett ist. Dieser Satz ist
beispielsweise in einer »normalen« Strichdicke gesetzt. **Im Gegensatz
dazu ist dieser Satz »fett« gesetzt.**

Die Strichdicke wird als ein Wert zwischen -7 und 7 angegeben, wobei
der Wert -7 die »dünnste« und der Wert 7 die »dickste« Schrift erzeugt.
Der Wert für eine magere Schrift ist -3, für eine normale Schrift ist der
Wert 0 und für eine fette Schrift ist er 3. Wenn kein Font der
gewünschten Strichdicke vorhanden ist, wird statt dessen die sinnvollste
vorhandene genommen.

Die Sequenz für die Strichdicke lautet »ESC(s#B«. Eine fette Schrift
erhält man also mit »ESC(s3B«.

<table>
<tr><td>P
C
L</td><td>Strichdicke einstellen

 ESC (s Strickdicke B </td><td>P
C
L</td></tr>
</table>

3.3 Style

Wie der Name schon sagt, soll hier der Schriftstil ausgewählt werden. Der »normale« Schriftstil ist aufrecht stehend und gefüllt, also genauso wie diese Schrift. Andere Schriftstile sind beispielweise »italic« oder »outline«. *Als Beispiel für einen anderen Stil soll diese Zeile in »Times-Italic« dienen.*

Standardmäßig wird der Drucker nur mit »normalen« und mit »italic«-Schriften ausgeliefert. Angewählt wird der Schriftstil mit dem Befehl »ESC(s#S« mit einer 0 als Argument für »normale« Schriften oder einer »1« für »italic«-Schriften. Im letzteren Fall lautet die vollständige Sequenz also »ESC(s1S«.

P C L	Schriftstil einstellen ESC (s *Schriftstil* S	P C L

3.4 Height

Mit dem Befehl zum Setzen der »Height« wird der Schriftgrad des Fonts festgelegt. Bei nicht-scalierbaren Bitmap-Fonts wird ein Font selektiert, das dem gewünschten Schriftgrad am nächsten kommt. Die scalierbaren Fonts kommen hier natürlich besonders zur Geltung. Der geforderte Schriftgrad wird akzeptiert und eine entsprechende Schrift erzeugt. Der Schriftgrad wird in Punkten angegeben, wobei ein Punkt 1/72tel Inch ($\approx$ 0.353 mm) entspricht.

Die Escape-Sequenz zum Einstellen des Schriftgrades lautet »ESC(s#V« mit dem Schriftgrad als Argument. Wenn also ein Schriftgrad von 12.5 Punkte erforderlich ist, wählt man den Befehl »ESC(s12.5V«.

P C L	Schriftgrad einstellen ESC (s *Schriftgrad* V	P C L

3.5 Pitch

Die Einstellung des »Pitch« bestimmt die Laufweite von dicktengleichen Schriften oder mit anderen Worten die Breite der Zeichen bei Schriften, deren Zeichen alle die gleiche Breite haben. Eine solche Schrift ist beispielsweise »Courier«. Bei einer Proportional-Schrift hat diese Einstellung keinerlei Wirkung.

Die Laufweite wird in Zeichen pro Inch erwartet. Ist das gewünschte Font ein Bitmap-Font, sind nur einige wenige Laufweiten, meist 10, 12 und 16.66, erlaubt. Wird eine nicht verfügbare Laufweite angewählt, wird automatisch die nächstgrößere oder, falls nicht vorhanden, die nächstkleinere Laufweite gewählt. Bei Outline-Fonts ist die Situation günstiger, da hier die Zeichen für die Laufweite neu berechnet werden.

Der Befehl zur Einstellung des »Pitch« lautet »ESC(s#H«. Ein »Pitch«-Wert von 12 wird also mit »ESC(s12H« aktiviert.

P C L	Pitch einstellen	P C L
	ESC (s Pitch H	

3.6 Spacing

Mit dem Befehl für »Spacing« kann zwischen Dicktengleicher- und Proportional-Schrift umgeschaltet werden. Die Umschaltung erfolgt durch die Sequenz »ESC(s#P«. Ist das Argument »0«, wird eine dicktengleiche Schrift gesucht. Proportional-Schrift wählt man dagegen durch eine »1« aus. Letztere Einstellung lautet also vollständig »ESC(s1P«.

P C L	Spacing einstellen	P C L
	ESC (s Zahl P	

3.7 Symbol Set

Mit dem »Symbol Set« kann die Zuordnung der Zeichen-Kodes zu den im Drucker abgelegten Zeichen eingestellt werden. Das erlaubt beispielsweise länderspezifische Zeichensätze oder auch die Anpassung an die Zeichenbelegung von weitverbreiteten Textverarbeitungs-Programmen. Aktiviert wird der »Symbol Set« durch den Befehl »ESC(#« mit einer speziellen Kennung für jeden vorhandenen Symbol-Satz.

P C L	Symbolsatz einstellen	P C L
	ESC (*Symbolsatz*	

Hexadezimal	0	1	2	3	4	5	6	7	8	9	a	b	c	d	e	f
Dezimal	00	01	02	03	04	05	06	07	08	09	10	11	12	13	14	15
Oktal	00	01	02	03	04	05	06	07	10	11	12	13	14	15	16	17
00 / 000 / 000																
10 / 016 / 020																
20 / 032 / 040		!	"	#	$	%	&	'	(	)	*	+	,	-	.	/
30 / 048 / 060	0	1	2	3	4	5	6	7	8	9	:	;	<	=	>	?
40 / 064 / 100	@	A	B	C	D	E	F	G	H	I	J	K	L	M	N	O
50 / 080 / 120	P	Q	R	S	T	U	V	W	X	Y	Z	[	\	]	^	_
60 / 096 / 140	'	a	b	c	d	e	f	g	h	i	j	k	l	m	n	o
70 / 112 / 160	p	q	r	s	t	u	v	w	x	y	z	{	|	}	~	▓
80 / 128 / 200																
90 / 144 / 220																
a0 / 160 / 240		À	Â	È	Ê	Ë	Î	Ï	´	ˋ	ˆ	¨	˜	Ù	Û	£
b0 / 176 / 260	¯	Ý	ý	°	Ç	ç	Ñ	ñ	¡	¿	¤	£	¥	§	ƒ	¢
c0 / 192 / 300	â	ê	ô	û	á	é	ó	ú	à	è	ò	ù	ä	ë	ö	ü
d0 / 208 / 320	Å	î	Ø	Æ	å	í	ø	æ	Ä	ì	Ö	Ü	É	ï	ß	Ô
e0 / 224 / 340	Á	Ã	ã	Ð	ð	Í	Ì	Ó	Ò	Õ	õ	Š	š	Ú	Ÿ	ÿ
f0 / 240 / 360	Þ	þ	·	µ	¶	¾	—	¼	½	ª	º	«	■	»	±	

Abbildung 3.1: Symbolsatz Roman-8

Hier sollen nur zwei Symbol-Sätze betrachtet werden, die wohl am häufigsten angewendet werden. Der erste der beiden Sätze heißt »Roman-8« und ist normalerweise die Grundeinstellung des Druckers. Die Kennung für »Roman-8« ist »8U«, so daß die Escape-Sequenz »ESC(8U« lautet. Eine Tabelle mit allen Zeichen dieses Zeichensatzes befindet sich in Abbildung 3.1.

Der zweite Symbol-Satz heißt PC-8 und hat den Kode »10U«, wird also selektiert durch »ESC(10U«. Der Zuordnung der Kodes entspricht den Zeichen auf einem PC unter DOS. Ist dieser Symbol-Satz aktiv, können auch die graphischen Symbole wie beispielsweise ☺ oder ╬ direkt ausgegeben werden. Auch zu diesem Zeichensatz gibt es eine Tabelle in Abbildung 3.2.

Hexadezimal		0	1	2	3	4	5	6	7	8	9	a	b	c	d	e	f
	Dezimal	00	01	02	03	04	05	06	07	08	09	10	11	12	13	14	15
		Oktal 00	01	02	03	04	05	06	07	10	11	12	13	14	15	16	17
00	000	000		☻	☺	♥	♦	♣	♠									
10	016	020	►	◄	↕	‼	¶	§	▬	↨	↑	↓	→		└	↔	▲	▼
20	032	040		!	"	#	$	%	&	'	(	)	*	+	,	-	.	/
30	048	060	0	1	2	3	4	5	6	7	8	9	:	;	<	=	>	?
40	064	100	@	A	B	C	D	E	F	G	H	I	J	K	L	M	N	O
50	080	120	P	Q	R	S	T	U	V	W	X	Y	Z	[	\	]	^	_
60	096	140	`	a	b	c	d	e	f	g	h	i	j	k	l	m	n	o
70	112	160	p	q	r	s	t	u	v	w	x	y	z	{	|	}	~	⌂
80	128	200	Ç	ü	é	â	ä	à	å	ç	ê	ë	è	ï	î	ì	Ä	Å
90	144	220	É	æ	Æ	ô	ö	ò	û	ù	ÿ	Ö	Ü	¢	£	¥	Pt	ƒ
a0	160	240	á	í	ó	ú	ñ	Ñ	ª	º	¿	⌐	¬	½	¼	¡	«	»
b0	176	260	░	▒	▓	│	┤	╡	╢	╖	╕	╣	║	╗	╝	╜	╛	┐
c0	192	300	└	┴	┬	├	─	┼	╞	╟	╚	╔	╩	╦	╠	═	╬	╧
d0	208	320	╨	╤	╥	╙	╘	╒	╓	╫	╪	┘	┌	█	▄	▌	▐	▀
e0	224	340	α	ß	Γ	π	Σ	σ	µ	τ	Φ	Θ	Ω	δ	∞	φ	ε	∩
f0	240	360	≡	±	≥	≤	⌠	⌡	÷	≈	°	∙	·	√	ⁿ	²	■	

Abbildung 3.2: Symbolsatz PC8

Die Tabellen mit den Symbolsätzen sind für alle drei gebräuchlichen Zahlensysteme (Dezimal, Oktal und Hexadezimal) ausgelegt. Will man nun wissen, welchem dezimalen Wert der Buchstabe »X« entspricht, sucht man zuerst das Zeichen in der Tabelle (sechste Zeile von oben, neunte Spalte von links).

Im nächsten Schritt sieht man dann nach, welcher Wert in dem weißen Rahmen vor dieser Spalte steht (80) und welcher Wert in dem weißen Rahmen über dem Buchstaben zu finden ist (8). Der weiße Rahmen ist mit dem Kennwort »dezimal« gekennzeichnet. Die beiden gefundenen Werte werden abschließend addiert und ergeben so die Zahl, unter der das Zeichen zu erreichen ist. Das eröffnet nun beispielsweise in »C« zwei Möglichkeiten, den Buchstaben »X« auszugeben.

```
1)   printf("X") ;
2)   printf("%c", 88) ;
```

3.8 Zusammenfassung

Ein Font besteht aus sieben einzelnen Grundelementen, die alle angegeben werden sollten, will man sicher sein, daß die Ausgabe ein fest definiertes Aussehen hat. Es ist meiner Ansicht nach nicht sinnvoll, sich auf die Standard-Einstellung zu verlassen, da diese geändert und daher von Drucker zu Drucker verschieden sein kann.

Nachdem das Font definiert ist, kann man kleine Änderungen wie beispielsweise eine Verkleinerung der Schriftgrades durch gezieltes Setzen des entsprechenden Parameters erreichen. Das Ergebnis ist hier eindeutig, da man den vorhergehenden Zustand selbst herbeigeführt hat.

Als Beispiel soll ein Font mit der folgenden Charakteristik eingestellt
werden: Schrift Univers-Italic, Schriftgrad 14 Punkt, Symbolsatz
»Roman-8«, Proportional-Schrift. Mit *wspcl* sieht das Ergebnis wie folgt
aus:

```
(-ESC [(8U]       Roman-8
(-ESC [(s4148T]   Univers
(-ESC [(s1P]      Proportionalschrift
(-ESC [(s14V]     Schriftgrad
(-ESC [(s0B]      Normale Strichdicke
(-ESC [(s1S]      Italic-Style
```

Die Sequenz zur Wahl der Schrift läßt sich auch wie folgt
zusammenfassen:

```
(-ESC [(8U]                 Roman-8
(-ESC [(s4148t1p14v0b1S]    Univers, 14pt, ...
```

4 Programmbeispiel Listengenerator

Mit dem bis hier behandelten Stoff können wir uns an das erste, kleinere Programm wagen. Dieses Programm soll Dateien, die in dem Aufruf des Programms genannt werden, als Listen ausgeben. Hierbei soll auf jeder Seite ein Kopf mit dem Dateinamen, der Seitenzahl und wahlweise einer Zeilennummerierung ausgegeben werden.

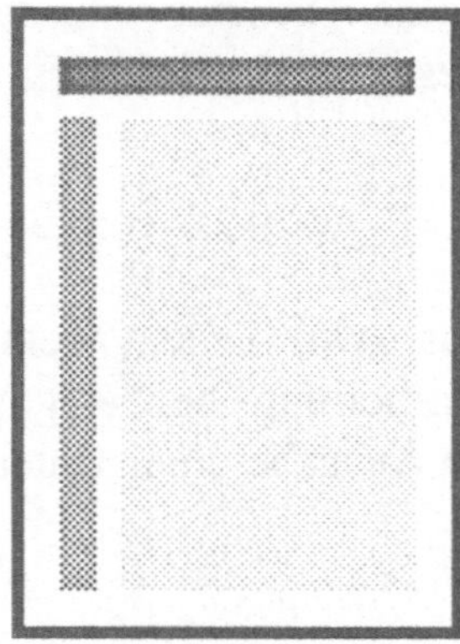

Abbildung 4.1: Seitenaufbau

Der Aufbau der Seite soll der Abbildung 4.1 entsprechen. Den einzelnen Elementen sind feste Parameter zugeordnet:

Der Kopf soll in 12 Punkt »Courier«, Pitch = 10 ausgegeben werden. Der Dateiname steht linksbündig und die Seitenzahl rechtsbündig.

Die Zeilennummerierung erfolgt in 8,5 Punkt »Line Printer«, Pitch=16,67. Die Zahlen sind rechtsbündig in der Form »123>« angeordnet.

Der Text wird in dem gleichen Font wird die Zeilennummerierung ausgegeben. Ist eine Zeile länger als der Textbereich, wird sie in der nächsten Zeile mit der gleichen Zeilennummer fortgesetzt.

Da wir annehmen, das in erster Linie Dateien von einem PC ausgegeben werden, schalten wir für den Text den Symbol-Satz »PC-8« ein, damit auch die Graphikzeichen ausgegeben werden können. Wenn Sie es sich zutrauen, sollten Sie an dieser Stelle versuchen, ein Programm mit den genannten Eigenschaften selbst zu schreiben.

Der Aufruf des Programms, das ich »liste« genannt habe, erfolgt mit den Optionen »-l« für die Aktivierung der Zeilennummern, »-t Zahl« für die Einstellung der Tabulator-Abstände und der Option »-o Datei«, um die Ausgabedatei zu bestimmen. Darauf folgen die Namen der auszugebenden Dateien.

Beispiel: liste -l -o l.out Prog1.c Prog2.c Prog.h

Das Programm besteht aus zwei Teilen, dem Hauptprogramm »main« mit der Schleife zur Bearbeitung der Argumente, und dem Unterprogramm »drucke« für die Ausgabe einer Datei.

Liste 4.1: liste.c

```
 1: /* Programm zur kontrollierten Ausgabe von (PC)-Dateien.
 2:
 3:    Aufruf: liste [-l] [-o ausgabedatei] [-t tabschritt] {[Datei]}
 4:                   [] - Optional
 5:                   {} - beliebig viele Wiederholung
 6:
 7:    (C) Wilfried Soeker,
 8:    Altenstadt-Oberau, August 1991
 9: */
10:
11: #include <stdio.h>
12: #include "diverses.h"
13:
14: #define MAX_ZEILEN 82         /* Zeilen auf einer Seite */
15: #define ZEILENLAENGE 115      /* Textzeilenlaenge incl. Nummerierung */
16: #define HEADERLAENGE 68       /* Laenge der Kopfzeile */
17: #define VMI 6                 /* (72 / 48) * 9 Punkt = 6 */
18: #define LINKER_RAND 425       /* 15 mm Linker Rand in Dezipoint */
19:
20: int Seite ;
21:
22: main(argc, argv)
23:     int argc ;
24:     char *argv[] ;
25:     {
26:        FILE *eingabe, *ausgabe ;
```

```
27:             int fehler ;            /* 0 bedeutet Fehlerfrei */
28:             int printer_reset ;     /* ruft pcl_init auf, falls != 0 */
29:             int Nummerieren ;       /* 0 = Nein */
30:             int tab_stop ;
31:             char *name ;            /* Fuer die Ausgabe des Programmnamens */
32:
33:             /* Grundeinstellungen */
34:             name = *argv ;
35:             ausgabe = stdout ;
36:             eingabe = stdin ;
37:             Seite = 1 ;
38:             Nummerieren = 0 ;       /* keine Zeilennummern */
39:             fehler = 0 ;
40:             printer_reset = 1 ;
41:             tab_stop = 4 ;
42:
43:             for (argc--,argv++ ; fehler == 0 && argc > 0 ; argc--, argv++) {
44:                 if (**argv == '-') {     /* Option */
45:                     switch ((*argv)[1]) {
46:                         case 'l':                /* Zeilennummerierung einschalten */
47:                             Nummerieren = 1 ;
48:                             break ;
49:                         case 'o':                /* Ausgabedatei */
50:                             if (argc <= 1) {
51:                                 fprintf(stderr, "Ausgabedatei fehlt!\n") ;
52:                                 fehler = 1 ;
53:                                 break ;
54:                             }
55:                             ausgabe = fopen(argv[1], WS_WRITE) ;
56:                             if (ausgabe == 0) {
57:                                 fprintf(stderr,
58:                                     "Datei %s kann nicht geoeffnet werden!\n",
59:                                     argv[1]) ;
60:                                 fehler = 1 ;
61:                                 break ;
62:                             }
63:                             printer_reset = 1 ;
64:                             argc-- ;
65:                             argv++ ;     /* Wir haben hier zwei verbraucht! */
66:                             break ;
67:                         case 't':                /* Tabulator einstellen */
68:                             if (argc <= 1) {
69:                                 fprintf(stderr, "Tab-Schritt fehlt!\n") ;
70:                                 fehler = 1 ;
71:                                 break ;
72:                             }
73:                             argc-- ;
74:                             argv++ ;     /* Wir haben hier zwei verbraucht! */
75:                             if (sscanf(*argv, "%d", &tab_stop) != 1) {
76:                                 fprintf(stderr, "Tab-Schritt erwartet!\n") ;
77:                                 fehler = 1 ;
78:                                 break ;
79:                             }
80:                             if (tab_stop <= 1) {
81:                                 fprintf(stderr, "Tab-Schritt zu klein!\n") ;
```

```
82:                                 fehler = 1 ;
83:                                 break ;
84:                             }
85:                         break ;
86:                     default:
87:                         fprintf(stderr, "Unbekannte Option %c\n",
88:                                                          (*argv)[1]) ;
89:                         fehler = 1 ;
90:                         break ;
91:                     }
92:                 }
93:             else {                      /* keine Option */
94:                 if ( (eingabe = fopen(*argv, WS_READ)) == 0) {
95:                     fprintf(stderr,
96:                             "Datei %s kann nicht geoeffnet werden!\n",
97:                             *argv) ;
98:                 }
99:                 else {
100:                    if (printer_reset)
101:                        pcl_init(ausgabe) ;
102:                    drucke(eingabe, ausgabe, Nummerieren, tab_stop, *argv) ;
103:                    printer_reset = 0 ;
104:                }
105:            }
106:        }
107:        if (fehler == 0 && eingabe == stdin) {
108:            /* es war keine Datei im Aufruf */
109:            pcl_init(ausgabe) ;
110:            drucke(stdin, ausgabe, Nummerieren, tab_stop, "stdin") ;
111:        }
112:
113:        if (fehler) {
114:            fprintf(stderr, "Aufruf: %s %s %s %s %s\n",
115:                            "name",
116:                            "[-l]",
117:                            "[-o ausgabedatei]",
118:                            "[-t tabschritt]",
119:                            "{[Datei]}") ;
120:        }
121:        exit(fehler) ;
122:    }
123:
124: pcl_init(out)
125:     FILE *out ;
126:     {
127:         fprintf(out, "\033E") ;                  /* Printer Reset */
128:         fprintf(out, "\033&k2G") ;               /* LF -> CR+LF */
129:         fprintf(out, "\033&l%dU", LINKER_RAND) ;
130:
131:         fprintf(out, "\033(10U") ;               /* PC-8 Symbol-Set */
132:         fprintf(out, "\033&l%dC", VMI) ;     /* Zeilenabstand */
133:     }
134:
```

```
135: drucke(in, out, Zeilennummern, tab_stop, name)
136:     FILE *in, *out ;
137:     char *name ;
138:     int Zeilennummern, tab_stop ;
139:     {
140:         int neue_seite ;
141:         int zeilen, seitenzeilen ;
142:         unsigned char zeile[ZEILENLAENGE] ;        /* 8-Bit ASCII */
143:         unsigned char druck_zeile[ZEILENLAENGE+1] ;
144:         unsigned char *zpt ;                       /* Zielpointer */
145:         unsigned char *qpt ;                       /* Quellpointer */
146:         int i ;                                    /* zaehler */
147:         int blanks ;                               /* blanks statt TAB */
148:         int rand ;                                 /* fuer zeilenzaehler */
149:
150:         neue_seite = 1 ;
151:         zeilen = seitenzeilen = 1 ;
152:         if (Zeilennummern)
153:             rand = 6 ;
154:         else
155:             rand = 0 ;
156:         while ( fgets(zeile, ZEILENLAENGE-rand, in) != 0) {
157:             if (neue_seite) {
158:                 kopf(out, name) ;
159:                 /* Textfont selektieren */
160:                 /* Lineprinter 8.5 pt */
161:                 fprintf(out, "\033(s0p16.67h8.5v0s0b0T") ;
162:                 seitenzeilen = 3 ;
163:                 neue_seite = 0 ;
164:             }
165:             if (Zeilennummern)
166:                 sprintf(druck_zeile, "%4d> ", zeilen) ;
167:             qpt = zeile ;
168:             zpt = druck_zeile + rand ;
169:             for (i=rand ; *qpt != 0 && i < ZEILENLAENGE ; i++, qpt++) {
170:                 switch (*qpt) {
171:                     case '\t':        /* Tab durch Leerzeichen ersetzen */
172:                         blanks = tab_stop - (i - rand) % tab_stop ;
173:                         while (i < ZEILENLAENGE && blanks > 0) {
174:                             *zpt++ = ' ' ;
175:                             blanks-- ;
176:                             i++ ;
177:                         }
178:                         i-- ;
179:                         break ;
180:                     case '\n':
181:                     case '\r':
182:                         zeilen++ ;
183:                         *qpt = 0 ;        /* Zeile ausgeben */
184:                         break ;
185:                     case '\f':           /* Form Feed */
186:                         neue_seite = 1 ;
187:                         break ;
188:                     default:
189:                         *zpt++ = *qpt ;
```

```
190:                          }
191:                        }
192:                  *zpt = 0 ;
193:                  fprintf(out, "%s\n", druck_zeile) ;
194:                  seitenzeilen++ ;
195:                  if (seitenzeilen > MAX_ZEILEN) {
196:                      Seite++ ;
197:                      neue_seite = 1 ;
198:                      fprintf(out, "\014") ;
199:                      }
200:                  }
201:          if (neue_seite == 0) {
202:              fprintf(out, "\014") ;
203:              Seite++ ;
204:              }
205:          }
206:
207: kopf(out, name)
208:      FILE *out ;
209:      unsigned char *name ;
210:      {
211:          unsigned char druck_zeile[ZEILENLAENGE] ;
212:          unsigned char *zpt ;                          /* Zielpointer */
213:          unsigned char *qpt ;                          /* Quellpointer */
214:          int i, l ;
215:
216:          /* Headerfont selektieren */
217:          fprintf(out, "\033(s0p10h12v0s0b3T") ;   /* Courier 12 pt */
218:          sprintf(druck_zeile, "Seite %d", Seite) ;
219:          l = strlen(druck_zeile) ;
220:          zpt = druck_zeile + HEADERLAENGE - 1 ;
221:          qpt = druck_zeile + l ;        /* Incl. '\0' */
222:          for (i=l ; i >= 0 ; i--)
223:              *zpt-- = *qpt-- ;     /* Seitenzahl an den rechten Rand */
224:          while (zpt >= druck_zeile)
225:              *zpt-- = ' ' ;          /* Rest der Zeile loeschen */
226:          i = strlen(name) ;
227:          if (l + i + 2 > HEADERLAENGE)
228:              /* Falls Name und Seite nicht in die Zeile passen */
229:              i = HEADERLAENGE - l - 2 ;
230:          l = i ;
231:          zpt = druck_zeile ;
232:          qpt = name ;
233:          for (i=l ; i > 0 ; i--)
234:              *zpt++ = *qpt++ ;     /* Dateiname eintragen */
235:          fprintf(out, "\n%s\n\n", druck_zeile) ;
236:          }
```

Zur Auffrischung der C-Kenntnisse soll hier ganz kurz die Struktur der
Argumente gezeigt werden. Die Verarbeitung der Argumente ist in allen
Beispielprogrammen sehr ähnlich.

```
liste -l -o l.out Prog1.c Prog2.c Prog.h
```

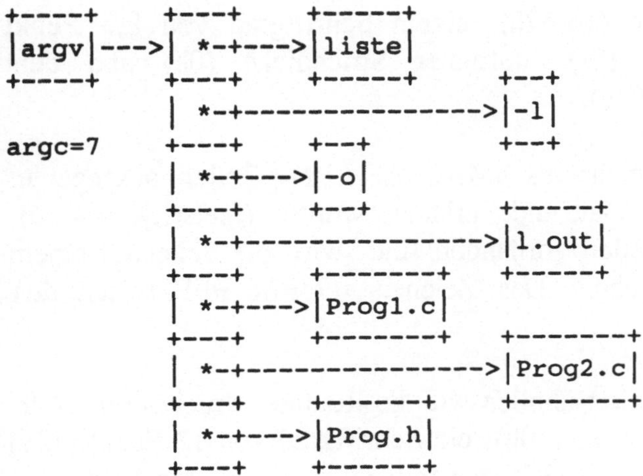

```
+----+      +---+      +------+
|argv|--->| *-+--->|liste|
+----+      +---+      +------+           +--+
              | *-+------------------->|-l|
argc=7      +---+      +--+            +--+
              | *-+--->|-o|
            +---+      +--+            +------+
              | *-+------------------->|l.out |
            +---+      +-------+      +------+
              | *-+--->|Prog1.c|
            +---+      +-------+      +--------+
              | *-+----------------->|Prog2.c|
            +---+      +-------+      +--------+
              | *-+--->|Prog.h|
            +---+      +-------+
```

Während in der Variablen »argc« die Anzahl der Argumente inklusive dem Befehl »liste« steht, ist die Variable »argv« ein Feld mit Strings. Durch die Equivalenz von »argv[0] == *argv« und die Definition, das Strings nichts anderes als Pointer zu dem ersten Zeichen dieses Strings sind, ergeben sich die folgenden Zugriffswege auf die Argumente:

```
*argv          String "liste"
++argv         Pointer auf String "-l"
               Achtung: Ab jetzt ist argv inkrementiert!
*argv          String "-l"
**argv         Zeichen '-'
(*argv)[1]     Zeichen 'l'
```

Die Routine »pcl_init« versetzt den Drucker in den Grundzustand und definiert einige Grundeinstellungen. Auch der Symbol-Set wird hier auf »PC-8« gesetzt, da er für die gesamte Ausgabe gültig ist.

Die eigentliche Arbeit wird von der Routine »drucke« geleistet. Sie besteht im Wesentlichen aus einer großen Schleife (Zeile 156-200), die einzelne Zeilen von der Eingabedatei liest und ausgibt. Wenn in der Schleife die Variable »neue_seite« ungleich 0 ist, liegt eine neue, noch leere Seite vor, die mit der Kopfzeile (Zeile 157) versehen werden muß.

Anschließend wird das Font für die Textausgabe angewählt (Zeile 161). Dieses Font ist eine dicktengleiche Schrift (0p) mit einem Pitch von 16,67 Zeichen pro Inch (16.67h), einem Schriftgrad von 8,5 Punkt (8.5v), normalem Stil (0s), normaler Strichdicke (0b) und dem Schrifttyp »Lineprinter« (0T).

Wenn auf einer Seite mehr als »MAX_ZEILEN« Zeilen ausgegeben wurden oder wenn das Dateiende erkannt wurde ((fgets(..) == 0), Zeile 156) und schon Zeilen vorhanden sind, wird die Seite mit einem »FORM FEED« ausgegeben. Das Zeichen »FORM FEED« hat den oktalen Wert 014.

Die Routine »kopf« selektiert ähnlich wie die Routine »drucke« ein Font, nur daß hier ein Pitch von 10 (10h), ein Schriftgrad von 12 Punkt (12v) und der Schrifttyp »Courier« (3T) gewählt wurden. Anschließend wird mit »sprintf« ein String mit der Seitenzahl erzeugt (Zeile 218) und an den rechten Rand geschoben (Zeile 222). Danach wird der linke Teil der Überschrift, der Dateiname, in den Ausgabestring kopiert (Zeile 233) und zuletzt die Zeile ausgegeben.

5 Cursor-Positionierung

Der Begriff »Cursor« bezeichnet bei einem PCL-Drucker die aktuelle Druckposition. Hiermit ist die Position gemeint, an der das nächste Zeichen ausgegeben werden kann. Nachdem Sie im ersten Kapitel schon einfache Cursorpositionierungen durch den Zeilenvorschub, der den Cursor auf den Anfang der nächsten Zeile positioniert, sowie den Seitenvorschub für die Ausgabe der Seite und die Positionierung des Cursors auf den Beginn der nächsten Seite kennengelernt haben, soll nun die direkte Adressierung der Druckposition behandelt werden.

Alle Positionsangaben beziehen sich auf den Ursprung des Seiten-Koordinatensystems und bestehen aus einem X- und einem Y-Wert. Der X-Wert bezeichnet die waagrechte und der Y-Wert die senkrechte Koordinate. Der Ursprung liegt links oben in der Ecke, wobei der X-Wert 0 die äußerst links liegende Druckposition bezeichnet. Ein Y-Wert 0 adressiert eine Position auf der senkrechten Achse, die der Einstellung des oberen Rands (Top Margin) entspricht. Wie auf Seite 9 erwähnt wird der obere Rand durch den Befehl »ESC&*l*#E« ensprechend dem gültigen »VMI« eingestellt.

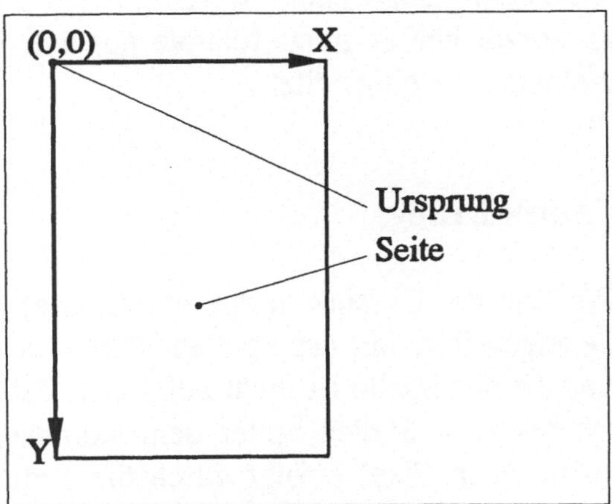

Abbildung 5.1: PCL-Koordinatensystem

Die Position kann in PCL auf drei verschiedene Arten angegeben werden:

> a) in Zeilen und Spalten,
> b) in Pixel oder
> c) in Dezipoint.

Während die zeilenweise Positionierung in einfachen Anwendungen ausreichend ist, wird bei komplexeren Anwendungen eine der beiden anderen Adressierungsarten verwendet. Die Adressierung in Pixeln bestimmt die Position abhängig von der kleinsten Adressierungseinheit des Druckers, dem Pixel. Ein Pixel entspricht bei dem Laserjet III einem 300stel Inch ($\approx$ 0,0847 mm). Da zukünftige Drucker sehr wahrscheinlich eine höhere Auflösung haben werden, ist diese Form der Adressierung nicht empfehlenswert.

Besser ist die dritte Möglichkeit, die Adressierung in Dezipoint. Ein Dezipoint bedeutet zehntel Punkt. Da ein Punkt in PCL 1/72tel Inch entsprechen, ist ein Dezipoint natürlich 1/720tel Inch ($\approx$ 0,0353 mm).

Alle Positionierungen können absolut zum Ursprung oder relativ zur aktuellen Cursor-Position angegeben werden. Relative Koordinaten werden durch das Vorzeichen erkannt; relative positive Verschiebungen werden daher mit einem »+« eingeleitet.

5.1 Horizontale Adressierung

Die horizontale Position des Cursors in der Variation a) wird durch den Befehl »ESC&a#C« angewählt, mit der Spalten- (Columnen-) Position als Argument. Die Angabe der Spalte ist nicht auf ganze Zahlen beschränkt, sondern kann auch bis zu 4 Stellen hinter dem Komma umfassen. Die Angabe der X-Positition in Pixel erfolgt durch die Sequenz »ESC*p#X« und eine Angabe in Dezipoint (dpt) durch »ESC&a#H«.

<table>
<tr><td>P
C
L</td><td>Horizontale Adressierung in Spalten

ESC & a spalte C</td><td>P
C
L</td></tr>
</table>

<table>
<tr><td>P
C
L</td><td>Horizontale Adressierung in Pixeln

ESC * p pixel X</td><td>P
C
L</td></tr>
</table>

<table>
<tr><td>P
C
L</td><td>Horizontale Adressierung in Dezipoint

ESC & a dezipoint H</td><td>P
C
L</td></tr>
</table>

```
Beispiel:
(-ESC [&a12.25C] Cursor zu Spalte 12¼-)
(-ESC [*p+3X] 3 Pixel nach rechts-)
(-ESC [&a-10H] 10 Dezipoint nach links-)
```

5.2 Vertikale Adressierung

Die zeilenweise Adressierung erfolgt mit dem Kommando »ESC&a#R«,
die Adressierung in Pixeln mit »ESC*p#Y« und in Dezipoints mit
»ESC&a#V«.

<table>
<tr><td>P
C
L</td><td>Vertikale Adressierung in Zeilen

ESC & a zeile R</td><td>P
C
L</td></tr>
</table>

<table>
<tr><td>P
C
L</td><td>Vertikale Adressierung in Pixeln

ESC * p pixel Y</td><td>P
C
L</td></tr>
</table>

<table>
<tr><td>P
C
L</td><td>Vertikale Adressierung in Dezipoint

ESC & a dpt V</td><td>P
C
L</td></tr>
</table>

```
Beispiel:
(-ESC [&a4.5R] Cursor zu Zeile 4½-)
(-ESC [*p+7Y] 7 Pixel nach unten-)
(-ESC [&a-42.5H] 42½ Dezipoint nach oben-)
```

Aufgabe 5.1: *Eine verbreitete Form von Rätseln besteht darin, eine Zeichnung durch das Verbinden nummerierter Punkte zur erraten. Ihre Aufgabe ist es nun nicht, die Punkte durch Linien zu verbinden, sondern selbst ein solches Rätsel zu erzeugen. Hierzu sollten Sie sich einer Ihnen vertrauten Programmiersprache bedienen. Hinweis: Ein Zentimeter entspricht etwa 283 Dezipoint.*

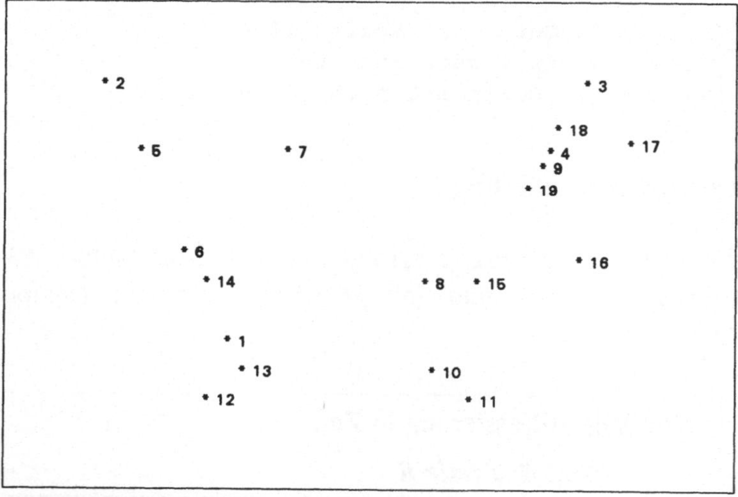

Abbildung 5.2: Ein Rätsel

6 TFM Dateien

Durch die Einführung scalierbarer Fonts in PCL 5 ergibt sich für alle, die diese Fonts aus ihren Programmen verwenden möchten, die Schwierigkeit, die Laufweite der Schriften zu ermitteln. Dies gilt insbesondere für die Proportional-Schriften, deren Laufweite (Dickte) ja von Zeichen zu Zeichen verschieden sein kann. Die benötigten Informationen sind in den »TFM«-Dateien abgelegt. Im wesentlichen werden hier die folgenden Informationen zur Verfügung gestellt:

- Name des Fonts, Besitzer der Rechte an dem Font und ähnliches.

- Information über die verfügbaren Symbol-Sätze.

- Im Falle von Proportional-Schriften die Dickten-Tabelle und möglicherweise auch Tabellen für das Kerning.

Wenn Sie zusätzliche Fonts für Ihren Drucker kaufen, werden unter anderem auch Disketten geliefert, die diese TFM-Dateien beinhalten. Leider sind diese Dateien für die im Drucker fest installierten Fonts nicht ohne Schwierigkeiten verfügbar. Ich habe sie daher auf die dem Buch beiliegenden Diskette kopiert.

Die Beschreibung der TFM-Struktur bezieht sich auf die Abbildungen in der Datei »tfm.h«, die als Liste 6.1 abgedruckt ist. Die Abbildungen in die Datei zu integrieren hat den Vorteil, daß die Datenstrukturen gleichzeitig optimal dokumentiert sind. Außerdem findet man sich später beim Programmieren auch ohne zusätzliche Dokumentation zurecht. Wenn ich mich im folgenden Text auf solche Abbildungen beziehe, sind die Referenzen mit »tfm.zahl« gekennzeichnet.

Die TFM-Datei besteht aus einem Kopf (engl. *Header*) und einem oder mehreren Verzeichnissen (engl. *Directories*, siehe Abbildung tfm.1). In dem Kopf befindet sich als erstes ein Hinweis auf das verwendete *Byte Ordering*. Man unterscheidet hier grundsätzlich zwischen dem »Little Endian« und dem »Big Endian«-Format. Das »Little Endian«-Format wird in dem Kopf durch den Buchstaben »I« gekennzeichnet, das für die Firma »Intel« steht, da deren Prozessoren (8086 u. ä.) typisch dieses

Format verwenden. Im »Little Endian«-Format werden die Bytes innerhalb eines Wortes wie folgt zusammengesetzt:

```
Bit    31 .... 24 23 .... 16 15 ....  8 7  ....  0
       +-----------+-----------+-----------+-----------+
       |  Byte 3   |  Byte 2   |  Byte 1   |  Byte 0   |
       +-----------+-----------+-----------+-----------+
```

Im Gegensatz hierzu sind die Bytes im »Big Endian«-Format umgekehrt angeordnet.

```
Bit    31 .... 24 23 .... 16 15 ....  8 7  ....  0
       +-----------+-----------+-----------+-----------+
       |  Byte 0   |  Byte 1   |  Byte 2   |  Byte 3   |
       +-----------+-----------+-----------+-----------+
```

Da das »Big Endian«-Format gewöhnlich von Prozessoren der Firma »Motorola« verwendet wird, ist die Kennzeichnung des *Byte Orderings* hier der Buchstabe 'M'. Es ist wichtig, daß das *Byte Ordering* zu dem Computer paßt, der die Daten auswertet. Ist das nicht der Fall, muß man sich entweder die passenden Disketten besorgen oder die Daten konvertieren.

Als weitere Information sind zwei Bytes mit einer Versionsnummer im Kopf enthalten. Für fast alle Anwendungen spielen diese Zahlen keine Rolle. Wir werden sie ebenfalls ignorieren. Als dritte und letzte verwertbare Information befindet sich noch der Verweis auf die Position des ersten Verzeichnisses in dem Kopf (siehe Abbildung tfm.2).

In jedem Verzeichnis steht zuerst die Anzahl der hier vorhandenen Datenfelder, die Tags genannt werden. Danach folgen die Tags und anschließend noch ein Verweis auf das nächste Verzeichnis. Existiert kein weiteres Verzeichnis mehr, hat der Verweis den Wert 0 (siehe Abbildung tfm.3).

Die Tags haben eine feste Länge von 12 Bytes und bestehen aus vier Teilen (siehe Abbildung »tfm.4«). Die erste Information im Tag ist seine Identifikation, eine 16 Bit lange Zahl zwischen 0 und 65535. Ihm schließt sich der Typ der Daten in diesem Tag an. Es werden acht verschiedene Typen unterstützt, nämlich *Byte*, *Ascii* (=Strings), *Short*, *Long*, *Rational* und vorzeichenbehaftete *signed Bytes*, *signed Shorts* und *signed Longs*. Daten von Typ *Short* sind 16 Bits lang, während der Typ *Long* 32 Bit lang ist. Eine Besonderheit stellt der Typ *Rational* dar, der aus zwei je 32 Bits langen Teilen besteht. Der Wert eines Datums von diesem Typ ergibt sich nun, indem das erste 32 Bit lange Wort durch das zweite 32 Bit-Wort dividiert wird. Der *Ascii*-Typ entspricht der Stringdefinition von C, beinhaltet also als Stringende das Zeichen '\0'. Die Kodierung der Typen sieht wie folgt aus:

Typ	Kode	Größe in Bytes
Byte	1	1
Ascii	2	1
Short	3	2
Long	4	4
Rational	5	8
signed Byte	16	1
signed Short	17	2
signed Long	18	4

Der dritte Teil des Tags bestimmt die Anzahl der Datenelemente von dem schon bekannten Typ. Hier steht also der Hinweis, ob wir es mit vier *Bytes* oder mit 23 *Shorts* zu tun haben.

Das letzte Elemente der Tags ist ein vier Byte großes Datenfeld. In den Fällen, in denen die Anzahl der Daten multipliziert mit der Größe des Datentyps kleiner oder gleich vier ist, stehen die Daten direkt in diesem Datenfeld. Andernfalls befindet sich hier der Verweis auf die Daten.

Alle Verweise in den TFM-Dateien sind Offsets in Bytes vom Dateianfang gerechnet. Der Verweis sagt also aus, bei dem wievielten Byte in der Datei die Information zu finden ist.

An dieser Stelle möchte ich die dazugehörigen Datenstrukturen aus der Datei »tfm.h« einschieben. Hier sind auch die Abbildungen »tfm.1 - tfm.6« zu finden. Die Strukturen am Ende der Liste werden im weiteren Verlauf des Kapitels noch erläutert werden.

Liste 6.1: tfm.h

```
 1: /* Diese Datei ermoeglicht den Zugriff auf die TFM-Dateien von PCL
 2:
 3:    (C) W. Soeker, Juli 1991, Altenstadt-Oberau
 4: */
 5:
 6: /* Allgemeine Definitionen */
 7:
 8: typedef long int fixpoint ;
 9:
10: /* Abbildung tfm.1
11:    Aufbau der TFM-Dateien
12:
13:    +-----------+
14:    |  Header   |
15:    +-----------+
16:    |  Verweis  |
17:    +-----------+
18:         |
19:    +-----------+        +-----------+
20:    |Verzeichnis|      >|Verzeichnis|
21:    +-----------+     / +-----------+
22:    |  Tag  1   |    /  |  Tag  1   |
23:    +-----------+   /   +-----------+
24:    |  Tag  2   |  /    |  Tag  2   |
25:    +-----------+ /     +-----------+
26:    :  """"""""  :  /   :  """"""""  :
27:    +-----------+ /     +-----------+
28:    |  Tag  n   |/      |  Tag  n   |  etc.
29:    +-----------+ /     +-----------+ /
30:    |  Verweis  |/      |  Verweis  |/
31:    +-----------+       +-----------+
32:
33: */
34:
35: /* Abbildung tfm.2     Aufbau der TFM-Kopfes */
36:
37: /*   +-------------------+ */      struct tfm_header_struct {
38: /* 0 |  'I' oder 'M'     | */          char byte_order[2] ;
39: /*   +-------------------+ */
40: /* 1 |  'I' oder 'M'     | */
41: /*   +-------------------+ */
42: /* 2 |  Version 1. Teil  | */      unsigned char major,
43: /*   +-------------------+ */
44: /* 3 |  Version 2. Teil  | */                    minor ;
45: /*   +-------------------+ */
46: /* 4 |                   | */
47: /*   +                   + */
48: /* 5 |   Offset zum      | */
49: /*   +                   + */      unsigned long int offset ;
50: /* 6 |   Verseichnis     | */
51: /*   +                   + */
52: /* 7 |                   | */
53: /*   +-------------------+ */          } ;
```

```
54:
55:
56: /* Abbildung tfm.3      Aufbau des TFM-Verzeichnisses */
57:
58: /*    +-----------------+ */       struct tfm_directory_struct {
59: /* 0 | Anzahl der Tags  | */           unsigned short int tag_count ;
60: /*    +-----------------+ */
61: /* 2 :                 : */
62: /*    :   Feld mit Tags : */           struct tfm_tag_struct *tags ;
63: /* n :                 : */
64: /*    +-----------------+ */
65: /*+1 | Offset naechstes | */           struct tfm_directory_struct *next ;
66: /*   |   Verzeichnis    | */
67: /*    +-----------------+ */           } ;
68:
69:
70: /* Abbildung tfm.4      Aufbau eines Tag's */
71:
72: /*    +-----------------+ */       struct tfm_tag_struct {
73: /* 0 |   Tag - Art     | */           unsigned short int value ;
74: /*    +-----------------+ */
75: /* 2 |   Daten - Typ   | */           unsigned short int type ;
76: /*    +-----------------+ */
77: /* 4 |   Anzahl der    | */
78: /*   |     Daten       | */           unsigned long int block_size ;
79: /*    +-----------------+ */
80: /* 8 |  Daten oder     | */           union {    unsigned char data[4] ;
81: /*   |    Offset       | */                      short int sdata[2] ;
82: /*    +-----------------+ */                      unsigned long int offset ;
83:                                                 } daten ;
84:                                       } ;
85:
86: #define TFM_TAG_BYTE 1
87: #define TFM_TAG_ASCII 2
88: #define TFM_TAG_SHORT 3
89: #define TFM_TAG_LONG 4
90: #define TFM_TAG_RATIONAL 5
91: #define TFM_TAG_SIGNED_BYTE 16
92: #define TFM_TAG_SIGNED_SHORT 17
93: #define TFM_TAG_SIGNED_LONG 18
94:
95:
```

```
 96: /* Abbildung tfm.5     Aufbau eines Tag's */
 97:
 98: /*   +------------------+ */      struct tfm_symsetdir_struct {
 99: /* 0 |   Verweis zum    | */
100: /*   | Namen des Fonts  | */          unsigned long int name_offset ;
101: /*   +------------------+ */
102: /* 4 |   Verweis zum    | */
103: /*   | Selection-Code   | */          unsigned long int select_offset ;
104: /*   +------------------+ */
105: /* 8 |   Verweis zur    | */
106: /*   | Symbol - Tabelle | */          unsigned long int index_offset ;
107: /*   +------------------+ */
108: /*12 |  Tabellenlaenge  | */          unsigned short int length ;
109: /*   +------------------+ */          } ;
110:
111:
112: /* Abbildung tfm.6     Kerningtabelle */
113:
114: /*   +------------------+ */      struct kernpair_struct {
115: /* 0 |   1. ZeichenID   | */          unsigned short int Z1 ;
116: /*   +------------------+ */
117: /* 2 |   2. ZeichenID   | */          unsigned short int Z2 ;
118: /*   +------------------+ */
119: /* 4 |     Versatz      | */          short int Versatz ;
120: /*   +------------------+ */          } ;
121:
122: /*   +------------------+ */      struct kern_struct {
123: /* 0 | Anzahl KernPaare | */          unsigned short int Anzahl ;
124: /*   +------------------+ */
125: /* 2 | Feld mit Paaren  | */          struct kernpair_struct *Paare ;
126: /*   +------------------+ */          } ;
127:
128:
129: #define TFM_MAX_SYMBOL 256
130:
131: /* Indizes fuer Symbol Table Array */
132: #define TFM_ROMAN8 0
133: #define TFM_PC8 1
134:
135: struct symbol_set_struct {
136:     char *Name ;
137:     char *selection_code ;
138:     unsigned long int length ;      /* Reale Laenge von codes */
139:     unsigned short int codes[TFM_MAX_SYMBOL] ;
140:     } ;
141:
142: typedef long int rational[2] ;
143:
144: struct pcl_font_struct {
145:     char *fontname ;
146:     char *tfm_filename ;
147:     short int style, stroke_weight ;
148:     FILE *tfm_stream ;
149:     struct tfm_header_struct *header ;
150:     struct tfm_directory_struct *dir ;
```

```
151:      char *font_code ;
152:      rational Pointsize ;
153:      rational Nominal_point ;
154:      rational Design_Units ;
155:      float pitch ;                    /* Chars / Inch  fuer fixed_spaced */
156:      short int fixed_width ;
157:      unsigned short int Symmap_length ;   /* Symbol-List-Length */
158:      short int *Symbol_map ;       /* Symbol-List */
159:      unsigned short int *tfm_Dickten ;        /* Array */
160:      struct symbol_set_struct symbolsets[2] ;
161:      fixpoint *Dickten ;
162:      } ;
163:
```

Nun wollen wir uns im Detail mit den Informationen beschäftigen, die
in den Tags enthalten sind. Ich möchte mich hier auf die Informationen
beschränken, die notwendig sind, um für eine gegebene TFM-Datei das
entsprechende Font in dem Drucker zu selektieren. Desweiteren werde
ich die in der TFM-Datei abgelegten Dickten und die Kerningtabellen
behandeln.

In den folgenden Erläuterungen sind am linken Rand jeweils der Name
und die Nummer des Tags sowie der Typ und die Anzahl der im Tag
enthaltenen Informationen aufgeführt.

Symbol Map
403
Short
{Anzahl der
Zeichen}

Kern der TFM-Datei ist die »Symbol Map«, in der alle
in diesem Font verfügbaren Zeichen stehen. Die
Position eines Zeichens in der »Symbol Map« ist die
eindeutige Identifikation dieses Zeichens. Diese
Position des Zeichens wollen wir daher ZeichenID
nennen. Der Inhalt der »Symbol Map« wird von uns
ignoriert. Als verwertbare Information entnehmen wir
diesem Tag nur die Anzahl der in diesem Font
vorhandenen Zeichen, die dem Längeneintrag dieses
Tags entspricht.

Symbol Set Directory

404
Short
{Anzahl der
Symbol-Sets
* 14 }

In der »Symbol Set Directory« sind die Zuordnungstabellen der ASCII-Kodes zu der ZeichenID zu finden. Zu jedem Symbol-Set gehört ein 14 Byte großer Eintrag, der aus dem Symbolnamen (Offset zu Ascii), dem Selektions-String (Offset zu Ascii), der Zuordnungstabelle (Offset zu *Short*-Feld) und der Länge der Tabelle (*short*) besteht. Während der Symbolname nur als Hinweis auf die offizielle Bezeichnung des Symbol-Set's dient, beinhaltet der Selektions-String den Text zur direkten Ansteuerung des Druckers. Das bedeutet, man braucht hinter der Sequenz »ESC(« nur den Selektions-String zu senden, und schon ist dieser Symbol-Set aktiv.

Größe eines Punktes

406
Rational
{1}

Hier ist definiert, wie groß die in diesem Font verwendete Einheit Punkt ist. Als Bezug dient das Inch. Meist wird vereinbart, daß 72 Punkte ein Inch ergeben. In diesem Fall hat das erste Wort der rationalen Zahl den Wert 1 und das zweite Wort den Wert 72; das entspricht dem Bruch 1/72. Eine andere exaktere Bewertung des Punktes definiert, daß 72,27 Punkte der Strecke von einem Inch entsprechen. Als rationale Zahl ergibt das die Werte 100 und 7227, also 100/7227.

Design Units

408
Rational
{1}

Unter dem Eintrag »Design Units« ist die Größe des Feldes abgelegt, in dem die Zeichen definiert sind. Die Anwendung der »Design Units« werden wir bei den Zeichendickten näher erläutern.

Schrifttyp

410

Byte

{1}

Mit diesem Tag wird der Schrifttyp festgelegt. Für die richtige Selektion des Font-Stils ist der Schrift-Typ leider nur einer von drei Bestandteilen. Für den Anteil des Schrift-Typs an dem Fontstil wird der hier gefundene Wert durch 8 dividiert und das Ergebnis ohne Rest wiederum mit 32 multipliziert. Der richtige Fontstil ergibt sich nun aus der Addition von diesem Ergebnis und den Werten der Tags 413 und 414 (siehe folgende Tags).

Schrägstellung (*Italic*)

413

Signed Short

{1}

Die Schrägstellung ist der zweite Teil des Fontstils. Die Zahl in dem Datenfeld des Tags gibt den Schrägstellungswinkel der Schrift an. Daraus leiten wir bei einem Winkel von 0 Grad den Wert 0, bei einem positiven Winkel den Wert 1 und bei einem negativen Winkel den Wert 2 ab. Dieser Wert wird dann zu den Ergebnissen der Tags 410 und 414 addiert.

Schriftschnitt

414

Byte

{1}

Der dritte und letzte Teil des Fontstils ergibt sich aus dem Schriftschnitt. Das Datenfeld beinhaltet eine Zahl zwischen 0 und 255, die sich jedoch nicht durch eine einfache Formel für den Fontstil verwerten läßt. Wir müssen daher eine Tabelle verwenden:

Tag-Wert	Stil-Wert
102 - 182	0
75 - 101	4
48 - 74	8
21 - 47	12
0 - 20	16
183 - 209	24
210 - 255	28

Spacing
412
Short
{1}

Ein Wert von 0 zeigt an, daß es sich um eine Proportional-Schrift handelt. Jeder andere Wert resultiert in einer Dicktengleichen Schrift, wobei der Wert gleichzeitig den Pitch (Laufweite) angibt.

Strichstärke
411
Byte
{1}

Die Strichstärke wird im Bereich von 0 bis 255 angegeben. Den Wert zur Ansteuerung der Strichdicke im PCL-Drucker ergibt sich wie folgt: Zuerst wird in dem Fall, in dem das Byte nicht den Wert 0 besitzt, dieses Byte um eins dekrementiert. Danach wird das Ergebnis durch 17 dividiert und der ganzzahlige Anteil des Ergebnisses zu der Zahl -7 addiert. Das Resultat kann nun in der Sequenz »ESC(*#B« verwendet werden (#=Resultat).

Schriftart
442
Ascii
{Stringlänge}

Der String zum Anwählen der Schriftart durch »ESC(s#T« kann direkt dem Tag 442 entnommen werden.

Schriftname
417
Ascii
{Stringlänge}

Hier ist der Name des Fonts als String abgelegt. Er dient nur der Ausgabe der Information, mit welchem Font wir es zu tun haben.

Dickten

433
Short
{Anzahl der
Zeichen im
Font}

Unter diesem Tag ist ein Feld mit den Dickten für alle Zeichen des Fonts zu finden. Die Laufweite der Schrift ist in Design-Units angegeben. Der Index in das Feld mit den Laufweiten ist die ZeichenID.

Kerning-Paare

439
Short
{(Anzahl der
Paare * 3)
+ 1}

Unter dem Begriff »Kerning« ist die individuelle Anpassung der Position eines Zeichens an seine Umgebung zu verstehen. Ein typisches Zeichen ist die Kombination »VA«. Hier haben die beiden Zeichen ohne Kerning einen zu großen Abstand voneinander. Die einfachste Form des Kernings besteht darin, jeweils für ein Zeichenpaar die Verschiebung des zweiten Zeichens zu dem ersten anzugeben, so daß die beiden Zeichen besser zusammenpassen. Eine Tabelle mit solchen Kerning-Paaren ist unter dem Tag 439 zu finden. Es gibt unter anderen Tags noch weitere Kerning-Verfahren, auf die ich hier aber nicht eingehen möchte.

Die Kerning-Paare sind in einer Tabelle zusammengefaßt, in der jedes Paar durch drei *Shorts* beschrieben ist. Die erste der drei Zahlen ist die ZeichenID des ersten Zeichens und die zweite Zahl die ZeichenID des zweiten Zeichens. Die dritte Zahl gibt an, wie groß die Verschiebung des zweiten Zeichens gegenüber der normalen Position sein soll. Diese Zahl ist von Typ *Signed Short*. Allen Paaren vorangestellt ist noch die Anzahl der in der Tabelle vorhandenen Paare (Siehe auch Abbildung tfm.6).

Nachdem wir nun alle für uns interessanten Elemente behandelt haben, wollen wir ein einfaches Programm schreiben, das eine TFM-Datei liest und die Informationen in lesbarer Form ausgibt. Eine solche Applikation macht die Zusammenhänge der Elemente der TFM-Datei am besten deutlich.

Das Programm, das ich »tfm.c« genannt habe, ist durch Übersetzer-Flags (Compiler-Flags) so gestalten worden, daß es auch als allgemeines Modul zum Einlesen der TFM-Daten von anderen Programmen verwendet werden kann. Das spart Programmier- und Testaufwand. Das Übersetzer-Flag heißt »PCL_TEST«.

Die einzige Information, die Sie dem Progamm beim Aufruf mitteilen müssen, ist der Name der TFM-Datei. Falls diese sich auf ihrem Rechner in einem anderen Verzeichnis befindet, muß natürlich der Pfadname als Argument verwendet werden. Sollten auf Ihrem Rechner keine TFM-Dateien vorhanden sein, müssen Sie sich diese besorgen.

In »tfm.c« werden die angegebenen TFM-Dateien in dem Unterprogramm »pcl_font_init« geöffnet und eingelesen. Dieses Unterprogramm kann später auch von einer Applikation aufgerufen werden, die Zugriff auf TFM-Dateien benötigt. Wir werden eine solche Applikation im nächsten Kapitel behandeln. Die Argumente von »pcl_font_init« entsprechen denen von »main« ohne den Namen des Programmes.

Während des Einlesens der TFM-Datei werden bei gesetztem »PCL_TEST«-Flag einige Testausgaben aufgerufen, die die eingelesenen Informationen anzeigen. Es werden aber nur die Tags bearbeitet, die wir auch später einmal benötigen. Speziell bei den Symbol-Sets werden wir uns auf »Roman-8« und »PC-8« beschränken.

Die eingelesenen Informationen werden in einem neu anzulegenden Feld vom Typ »pcl_font_struct« abgelegt, die sich am Ende der Datei »tfm.h« befindet.

Innerhalb von »pcl_font_init« werden der Header und die wichtigsten Tag-Felder durch die Routine »tfm_font_read« eingelesen. Anschließend wird die Routine »pcl_font_gentags« zum Analysieren der Tags herangezogen.

Nachdem die TFM-Dateien bearbeitet sind, sollen die Informationen zur Bestimmung der Dickte des Zeichens 'A' in dem ersten der angegebenen Fonts verwendet werden. Hierzu wird zuerst aus dem Symbol-Set »Roman-8« die ZeichenID von 'A' geholt (alternativ hätte man auch »PC-8« nehmen können). Diese verwendet man dann als Index in das Feld mit den Dickten und erhält so die Dickte in Design-Units, die ich »Nominal_dickte« nenne.

Die Nominal_dickte wird im nächsten Schritt in die Einheit Punkt überführt, indem sie durch den Wert des Tags »Design_Units« (Tag 408) dividiert wird. Das Resultat ist die Dickte des Zeichens 'A' in Punkt bei einem Schriftgrad von einem Punkt. Nun wird diese Dickte durch die Multiplikation mit der Punktgröße des Fonts (Tag 406) in Inches gewandelt. Da wir wissen, daß ein Inch 25,4 Millimeter entspricht, können wir die Dickte durch die Multiplikation mit 25,4 in Millimeter umrechnen.

Das Ergebnis der Berechnungen bis zu diesem Punkt ist die Dickte des Zeichens 'A' in Millimetern bei einem Schriftgrad von einem Punkt. Um die Dickte bei einem anderen Schriftgrad, sagen wir 12 Punkt, zu erhalten, müssen wir die erhaltene Dickte nur mit dem gewünschten Schriftgrad multiplizieren. Sie finden diese Umwandlung in der Datei »tfm.c« in den Zeilen 42 bis 46.

Liste 6.2: tfm.c

```
 1: /* Diese Datei ermoeglicht den Zugriff auf die TFM-Dateien von PCL
 2:
 3:    (C) W. Soeker, Juli 1991, Altenstadt-Oberau
 4: */
 5:
 6: #include <stdio.h>
 7: #include "tfm.h"
 8: #include "diverses.h"
 9:
10: /* Feld mit den Fonts-Informationen */
11: struct pcl_font_struct *pcl_fonts = 0 ;
12:
13: /* Soviele Fonts sind eingelesen worden. */
14: int max_fontnr = 0 ;
15:
16: #ifdef TFM_TEST
17: main(argc, argv)
18:     int argc ;
19:     char *argv[] ;
20:     {
21:         struct pcl_font_struct *font ;
22:         double dickte ;
23:         short  Nominal_dickte ;
24:         int    dir_index ;
25:
26:         if (argc == 1) {
27:             fprintf(stderr, "Anwendung: %s TFM-Dateien\n", *argv) ;
28:             exit(1) ;
29:             }
30:         if (pcl_font_init(argc-1, argv+1) == 0) {
31:             fprintf(stderr, "Da ging wohl etwas daneben\n") ;
32:             exit(1) ;
33:             }
34:         font = pcl_fonts ;   /* Einfach Times-Roman */
35:         printf("Einige Worte zum Font %s, Symbol Set = %s\n",
36:                         font->fontname,
37:                         font->symbolsets[TFM_ROMAN8].Name) ;
38:         dir_index = font->symbolsets[TFM_ROMAN8].codes['A'] ;
39:         printf("ZeichenID von 'A' = %d\n", dir_index) ;
40:         Nominal_dickte = font->tfm_Dickten[dir_index] ;
41:         printf("Die Dickte von 'A' = %d DesignUnits\n", Nominal_dickte) ;
42:         dickte = (double)Nominal_dickte ;
43:         dickte /= (double)font->Design_Units[0] / font->Design_Units[1] ;
44:         dickte *= (double)font->Pointsize[0] / font->Pointsize[1] ;
45:         dickte *= 25.4 ;              /* Millimeter */
46:         dickte *= 12. ;      /* 12 Punkt Schriftgrad */
47:         printf("Bei 12pt ist die Dickte von 'A' = %lf mm\n", dickte) ;
48:         exit(0) ;
49:         }
50:
51: #endif  /* TFM_TEST */
52:
```

```
53: /* return 0 if failed to read font descriptor */
54: pcl_font_init(tfmcount, tfmname)
55:     int tfmcount ;
56:    char **tfmname ;
57:    {
58:         int rval ;
59:         struct pcl_font_struct *font ;
60:
61:         rval = 1 ;
62: #ifdef TFM_TEST
63:         printf("Es sind %d fonts\n", tfmcount) ;
64: #endif  /* TFM_TEST */
65:         max_fontnr = tfmcount - 1 ;
66:         pcl_fonts = (struct pcl_font_struct *)
67:                    Malloc(sizeof(struct pcl_font_struct) * tfmcount) ;
68:         for (font = pcl_fonts ; tfmcount > 0 ; tfmcount--, font++) {
69:             font->tfm_filename = *tfmname++ ;
70:             font->tfm_stream = fopen(font->tfm_filename, WS_READ) ;
71:             font->style = 0 ;         /* Inilialisieren wg. Additionen */
72:             font->fixed_width = 0 ; /* default == proportinal */
73:             if (font->tfm_stream == 0) {
74:                 printf("%s fopen error!\n", font->tfm_filename) ;
75:                 rval = 0 ;
76:                 break ;     /* leave for loop */
77:                 }
78:             if (pcl_font_read(font) == 0) {
79:                 printf("font_read error bei %s\n", font->tfm_filename) ;
80:                 rval = 0 ;
81:                 break ;     /* leave for loop */
82:                 }
83:             if (pcl_font_gentags(font) == 0) {
84:                 printf("font_gentags error bei %s\n", font->tfm_filename) ;
85:                 rval = 0 ;
86:                 break ;     /* leave for loop */
87:                 }
88:             fclose(font->tfm_stream) ;  /* Alle Daten gelesen */
89:             }
90:         return rval ;
91:         }
92:
93: /* return 0 if failed to read font descriptor */
94: pcl_font_read(font)
95:     struct pcl_font_struct *font ;
96:    {
97:         int rval ;       /* besser struct font_struct o. ae. ?? */
98:         int count, i, offset ;
99:         struct tfm_directory_struct *dir_pt ;
100:
101:         rval = 1 ;
102:         if (font->tfm_stream == 0)
103:             rval = 0 ;
104:         else {
105:             font->header = MALLOC(struct tfm_header_struct) ;
106:             dir_pt = font->dir = MALLOC(struct tfm_directory_struct) ;
107:             dir_pt->next = 0 ;
```

```
108:                fread(font->header, sizeof(struct tfm_header_struct), 1,
109:                                                font->tfm_stream) ;
110: #ifdef TFM_TEST
111:                printf("Header des Fonts\n") ;
112:                printf("byte_order=%c, ", font->header->byte_order[0]) ;
113:                printf("major=%x, minor=%x, ",
114:                        font->header->major, font->header->minor) ;
115:                printf("offset=%lx\n", font->header->offset) ;
116: #endif /* TFM_TEST */
117:                for (offset=font->header->offset ; offset > 0 ; ) {
118:                        fseek(font->tfm_stream, offset, 0) ;
119:                        fread(&(dir_pt->tag_count),
120:                                sizeof(unsigned short int), 1, font->tfm_stream) ;
121: #ifdef TFM_TEST
122:                        printf("Im Header stehen %d Tags\n", dir_pt->tag_count) ;
123: #endif /* TFM_TEST */
124:                        count = dir_pt->tag_count ;
125:                        if (count > 0) {
126:                            dir_pt->tags = (struct tfm_tag_struct *)
127:                                    Malloc(count * sizeof(struct tfm_tag_struct)) ;
128:                            i = fread(dir_pt->tags,
129:                                            sizeof(struct tfm_tag_struct),
130:                                            count, font->tfm_stream) ;
131:                            if (i != count) {
132:                                fprintf(stderr, "Nur %d Tags gelesen", i) ;
133:                                fatal_error("tfm-Einlesen abgebrochen") ;
134:                            }
135:                        }
136:                        fread(&offset,  sizeof(unsigned long int), 1,
137:                                        font->tfm_stream) ;
138:                        if (offset > 0) {
139:                            dir_pt->next = MALLOC(struct tfm_directory_struct) ;
140:                            dir_pt = dir_pt->next ;
141:                            dir_pt->next = 0 ;
142:                        }
143:                }
144:            }
145:        return rval ;
146:        }
147:
148: pcl_font_gentags(font)
149:     struct pcl_font_struct *font ;
150:     {
151:        struct tfm_tag_struct *tags ;
152:        int status, tag_count, i ;
153:        char tmp_str[128] ;       /* Fuer Test-Ausgaben */
154:        int cnt ;
155:        struct tfm_symsetdir_struct *symset ;
156:        unsigned short int *pt ;     /* temporaerer Pointer in Tabellen */
157:
158:
159:        tags = font->dir->tags ;
160:        for (tag_count=font->dir->tag_count ; tag_count > 0 ;
161:                                                tag_count--, tags++) {
162:            switch (tags->value) {
```

```
163:                    case 404:        /* Symbol sets */
164:                        symset = (struct tfm_symsetdir_struct *)
165:                                                Malloc(tags->block_size) ;
166:                        fseek(font->tfm_stream, tags->daten.offset, 0) ;
167:                        cnt = fread(symset, 1, tags->block_size,
168:                                        font->tfm_stream) ;
169:                        for (cnt=tags->block_size ; cnt > 0 ; cnt -= 14,
170: #ifdef DOS
171:                                        symset++
172: #else
173:                                        symset = (struct tfm_symsetdir_struct *)
174:                                                (((int) symset) + 14)
175: #endif
176:                                                        ) {
177:                            struct symbol_set_struct *sympt ;
178:
179:                            fseek(font->tfm_stream, symset->select_offset, 0) ;
180:                            fread(tmp_str, 1, 64, font->tfm_stream) ;
181:                            if (tmp_str[0] == '8' && tmp_str[1] == 'U')
182:                                sympt = &(font->symbolsets[TFM_ROMAN8]) ;
183:                            else if (tmp_str[0] == '1' && tmp_str[1] == '0'
184:                                                && tmp_str[2] == 'U')
185:                                sympt = &(font->symbolsets[TFM_PC8]) ;
186:                            else
187:                                continue ;
188:                            if (symset->length > TFM_MAX_SYMBOL) {
189:                                printf("Laenge > %d!!\n", TFM_MAX_SYMBOL) ;
190:                                continue ;
191:                            }
192: #ifdef TFM_TEST
193:                            printf("Symbolset: select= %s, length=%d, ",
194:                                                tmp_str,symset->length) ;
195: #endif
196:                            sympt->selection_code = Malloc(strlen(tmp_str)+1) ;
197:                            strcpy(sympt->selection_code, tmp_str) ;
198:
199:                            fseek(font->tfm_stream, symset->name_offset, 0) ;
200:                            fread(tmp_str, 1, 64, font->tfm_stream) ;
201:                            sympt->Name = Malloc(strlen(tmp_str)+1) ;
202:                            strcpy(sympt->Name, tmp_str) ;
203: #ifdef TFM_TEST
204:                            printf("Symbolname = %s\n", tmp_str) ;
205: #endif
206:                            fseek(font->tfm_stream, symset->index_offset, 0) ;
207:                            fread(sympt->codes, sizeof(short int),
208:                                        symset->length, font->tfm_stream) ;
209:                        }
210:                        break ;
211:                    case 410:        /* Schrift Typ */
212:                        font->style = (int)(tags->daten.data[0] / 8) * 32 ;
213: #ifdef TFM_TEST
214:                        printf("Stil + Schrifttyp = %d\n", font->style) ;
215: #endif
216:                        break ;
217:                    case 413:        /* Italic */
```

```
218:                       if (tags->daten.sdata[0] > 0)
219:                           font->style += 1 ;
220:                       else if (tags->daten.sdata[0] < 0)
221:                           font->style += 2 ;
222: #ifdef TFM_TEST
223:                       printf("Stil + Italic = %d\n", font->style) ;
224: #endif
225:                       break ;
226:                   case 414:        /* Schrift Schnitt */
227:                       i = tags->daten.data[0] ;
228:                       if (i < 102 || i > 182) {    /* Stil-Wert != 0 */
229:                           if (i >= 75 && i <= 101)
230:                               font->style += 4 ;
231:                           else if (i >= 48 && i <= 74)
232:                               font->style += 8 ;
233:                           else if (i >= 21 && i <= 47)
234:                               font->style += 12 ;
235:                           else if (i >= 0 && i <= 20)
236:                               font->style += 16 ;
237:                           else if (i >= 183 && i <= 209)
238:                               font->style += 24 ;
239:                           else /* if (i >= 210 && i <= 255) */
240:                               font->style += 28 ;
241:                       }
242: #ifdef TFM_TEST
243:                       printf("Stil + Schriftschnitt = %d\n", font->style) ;
244: #endif
245:                       break ;
246:                   case 411:        /* Strichstaerke */
247:                       i = tags->daten.data[0] ;
248:                       if (i > 0)
249:                           i-- ;
250:                       font->stroke_weight = (int)(i / 17) - 7 ;
251: #ifdef TFM_TEST
252:                       printf("Strichstaerke  = %d\n", font->stroke_weight) ;
253: #endif
254:                       break ;
255:                   case 417:        /* Typeface */
256:                       font->fontname = Malloc(tags->block_size) ;
257:                       if (tags->block_size > 4) {
258:                           fseek(font->tfm_stream, tags->daten.offset, 0) ;
259:                           fread(font->fontname, 1, tags->block_size,
260:                                                       font->tfm_stream) ;
261:                       }
262:                       else
263:                           strcpy(font->fontname, &(tags->daten.offset)) ;
264: #ifdef TFM_TEST
265:                       printf("Fontname = %s\n", font->fontname) ;
266: #endif
267:                       break ;
268:                   case 442:        /* Font Code */
269:                       font->font_code = Malloc(tags->block_size) ;
270:                       if (tags->block_size > 4) {
271:                           fseek(font->tfm_stream, tags->daten.offset, 0) ;
272:                           fread(font->font_code, 1, tags->block_size,
```

```
273:                                                    font->tfm_stream) ;
274:                            }
275:                        else
276:                            strcpy(font->font_code, &(tags->daten.offset)) ;
277: #ifdef TFM_TEST
278:                        printf("Fontcode = %s\n", tmp_str) ;
279: #endif
280:                        break ;
281:                case 406:        /* Pointsize in Inches */
282:                        fseek(font->tfm_stream, tags->daten.offset, 0) ;
283:                        fread(font->Pointsize, sizeof(long int), 2,
284:                                            font->tfm_stream) ;
285: #ifdef TFM_TEST
286:                        printf("Pointsize = %d/%d\n", font->Pointsize[0],
287:                                            font->Pointsize[1]) ;
288: #endif
289:                        break ;
290:                case 408:        /* Design Units */
291:                        fseek(font->tfm_stream, tags->daten.offset, 0) ;
292:                        fread(font->Design_Units, sizeof(long int), 2,
293:                                            font->tfm_stream) ;
294: #ifdef TFM_TEST
295:                        printf("Design_Units = %d/%d\n",
296:                            font->Design_Units[0], font->Design_Units[1]) ;
297: #endif
298:                        break ;
299:                case 403:        /* MSL-count */
300:                        font->Symmap_length = tags->block_size ;
301: #ifdef TFM_TEST
302:                        printf("Symbol Map der Laenge %d eingelesen\n",
303:                                            tags->block_size) ;
304: #endif
305:                        break ;
306:                case 412:        /* Spacing */
307:                    if (tags->daten.offset != 0) {  /* fixed pitch */
308:                        if (font->Symmap_length == 0)
309:                            printf("Achtung; Symmap-length == 0!!\n") ;
310:                        else {
311:                            font->fixed_width = tags->daten.offset ;
312:                            pt = font->tfm_Dickten = (unsigned short int *)
313:                                    Malloc(sizeof(unsigned short int)
314:                                            * font->Symmap_length) ;
315:                            for (i=font->Symmap_length ; i > 0 ; i--)
316:                                *pt++ = tags->daten.offset ;
317:                        }
318: #ifdef TFM_TEST
319:                        printf("Fixed Pitch = %d\n", tags->daten.offset) ;
320: #endif
321:                    }
322:                    break ;
323:                case 433:        /* MSL-count */
324:                    fseek(font->tfm_stream, tags->daten.offset, 0) ;
325:                    font->tfm_Dickten = (unsigned short int *)Malloc
326:                                (sizeof(short int) * tags->block_size) ;
327:                    fread(font->tfm_Dickten, sizeof(short int),
```

```
328:                                   tags->block_size, font->tfm_stream) ;
329: #ifdef TFM_TEST
330:                    printf("%d Dickten gelesen\n", tags->block_size) ;
331: #endif
332:                    break ;
333:               }    /* End of switch */
334:          }    /* of for */
335:          }
```

In dem Programm »tfm.c« werden zwei Routinen aufgerufen, die in
meinen Programmen häufig zur Anwendung kommen. Es sind dies die
Routinen »Malloc« und »fatal_error«, die in der Datei »diverses.c«
enthalten sind. Zur Erzeugung eines ausführbaren Programms »tfm«
müssen beide Dateien zusammen übersetzt werden, beispielsweise mit
»cc tfm.c diverses.c -o tfm«.

Die Routine »Malloc« ist im Prinzip identisch mit der Systemroutine
»malloc«, mit dem Unterschied, daß hier die Fehlerbehandlung für den
Fall, daß kein Speicher der geforderten Größe zur Verfügung gestellt
werden kann, schon integriert ist. Die zweite allgemeine Routine
(»fatal_error«) dient als zentraler Fehlerausgang. Daneben wird das
Makro »MALLOC« verwendet, das in der Datei »diverses.h« enthalten
ist.

Die Ausgaben des Programmes nach einem Aufruf der Art

```
    tfm TRROOOOS.TFM
```

sehen wie folgt aus:

Liste 6.3: Ergebnis von »tfm TRROOOOS.TFM«

```
Es sind 2 fonts
Header des Fonts
byte_order=I, major=1, minor=1, offset=8
Im Header stehen 40 Tags
Symbol Map der Laenge 588 eingelesen
Symbolset: select= 8U, length=256, Symbolname = Roman-8
Symbolset: select= 10U, length=256, Symbolname = PC-8
Pointsize = 100/7231
Design_Units = 8782/1
Stil + Schrifttyp = 0
Strichstaerke  = 0
Stil + Italic = 0
Stil + Schriftschnitt = 0
Fontname = CG Times
```

```
588 Dickten gelesen
Fontcode = 7J
Header des Fonts
byte_order=I, major=1, minor=1, offset=8
Im Header stehen 40 Tags
Symbol Map der Laenge 588 eingelesen
Symbolset: select= 8U, length=256, Symbolname = Roman-8
Symbolset: select= 10U, length=256, Symbolname = PC-8
Pointsize = 100/7231
Design_Units = 8782/1
Stil + Schrifttyp = 0
Strichstaerke  = 0
Stil + Italic = 1
Stil + Schriftschnitt = 1
Fontname = Univers     MdIt
588 Dickten gelesen
Fontcode = 7J
Einige Worte zum Font CG Times          , Symbol Set = Roman-8
ZeichenID von 'A' = 33
Die Dickte von 'A' = 6343 DesignUnits
Bei 12pt ist die Dickte von 'A' = 3.044513 mm
```

7 Programmbeispiel Formatierer

Ein interessantes Beispiel für die Anwendung von TFM-Dateien sind Formatierungs-Programme, mit denen man Texte ausschließen kann. Eine einfache, aber ausbaufähige Version eines solchen Programmes soll im folgenden dargestellt werden.

Aufgabe des Programmes ist es, einen Text von einer oder mehreren Dateien einzulesen und diesen Text formatiert wieder auszugeben. Innerhalb des Textes können Kommandos zur Steuerung der Formatierung eingestreut werden. Außerdem werden einfache Macros zur Eingabe von speziellen Zeichen unterstützt.

Das Programm besteht aus im wesentlichen aus sechs Routinen, deren grundsätzliche Aufgaben wie folgt zu beschreiben sind:

Routine	Datei	Aufgabe
main	block.c	Analyse der Argumente und öffenen der Ein- und Ausgabekänale. Für jede Eingabedatei wird die Routine »bearbeite« aufgerufen, die das weitere erledigt.
bearbeite	bl_bearb.c	Die als Argument übergebene, geöffnete Datei wird Zeile für Zeile eingelesen und analysiert. Als erstes wird geprüft, ob es sich um eine Befehlszeile handelt. Diese sind an dem Zeichen »^« zu erkennen, daß an der ersten Stelle in der Zeile steht. In einem solchen Fall wird die Routine »befehl« mit der Bearbeitung des Befehls beauftragt.
		Wenn kein Befehl vorliegt wird die Zeile Buchstabe für Buchstabe auf Leerzeichen, Makros oder Zeilenvorschübe untersucht. Bei einem Leerzeichen wird das bis hierhin aufgesammelte Wort an die Routine »add_wort« zur weiteren Bearbeitung übergeben. Zeilen-

vorschübe kennzeichnen das Ende der Zeile und führen meist zur Ausgabe der gesamten formatierten Zeile durch den Aufruf der Routine »ausschluss«.

Unter dem Begriff Makros sind hier einfache Ersetzungen zu verstehen. Sie bestehen aus dem Zeichen »$« und einem zweiten Buchstaben. Innerhalb des Programmes werden diese beiden Zeichen durch ein anderes ersetzt. Zum Beispiel wird aus der Kombination »$a« der Zeichenkode für das »ä«.

befehl	bl_cmd.c	Hier werden die Befehlszeilen analysiert und die entsprechenden Aktionen ausgeführt. Das kann beispielsweise das Setzen der Variablen für den linken Rand sein, oder aber ein Fontwechsel mit der Erzeugung der dazugehörigen Escape-Sequenz.
add_wort	bl_aus.c	Jedes einzelne Wort im Text wird an diese Routine übergeben. Hier wird dann geprüft, ob in der aktuellen Zeile noch Platz für das Wort vorhanden ist. Kann diese Frage gejaht werden, wird das Wort einfach zu den schon gesammelten hinzugefügt. Andernfalls wird die Aufsammlung durch Aufruf der Routine »ausschluss« ausgegeben und anschließend das neue Wort in die nun leere Zeile kopiert.
ausschluss	bl_aus.c	Die Ausgabe der aufgesammelten Zeile obliegt der Routine »ausschluss«. Die erste Aktion der Routine ist die Positonierung des Cursors auf den Beginn der Zeile und die Berechnung der Differenz zwischen der Laufweite der auszugebenden Zeile und Breite des Textbereiches. Im Blocksatz wird diese Diffenz zu gleichen

Teilen auf die Leerzeichen in der Zeile erteilt und die Zeile damit *ausgetrieben*. Soll die Zeile zentriert ausgegeben werden, wird einfach die halbe Differenz vor der Zeile ausgegeben und soll die Zeile rechtsbündig sein, die ganze Differenz.

Alle Befehle innerhalb der Dateien müssen linksbündig mit dem Zeichen »^« beginnen. Folgende Befehle werden von dem Programm unterstützt:

Befehl   Beschreibung

^a l   Linksbündig formatiert ausgeben.

^a r   Rechtsbündig formatiert ausgeben.

^a z   Zentriert formatiert ausgeben.

^a b   Rechts- und linksbündig formatiert im Blocksatz ausgeben.

^f zahl Angegebenes Font anwählen. Das Font ist eine Zahl, die als Index in das Feld »pcl_fonts« aus der Datei »tfm.c« dient. Die Zuordnung der Zahlen zu den Fonts erfolgt durch die Reihenfolge der Namen beim Aufruf von »pcl_font_init«.

^s zahl Schriftgrad einstellen. Die erwartete Zahl ist der Schriftgrad in Punkt.

^z zahl Zeilenabstand in Millimetern einstellen.

^l zahl Linken Rand in Millimetern einstellen.

^r zahl Rechten Rand in Millimetern einstellen.

^o zahl Oberen Rand in Millimetern einstellen.

^u zahl Unteren Rand in Millimetern einstellen.

Die zentrale Datenstruktur des Programms »block« heißt »Kontext« und ist vom Typ »struct ausschluss_struct«. Hier sind alle für den Ausschluss wichtigen Parameter wie die Ränder, die aktuelle Position oder das Font

zu finden. Die Definition der Struktur sowie einige Konstanten und ein
Makro zur Umrechnung von Millimeter in Dezipoint sind in der Datei
»block.h« in der Liste 7.1 zu finden.

Liste 7.1: block.h

```
 1: /* Hier stehen die globalen Definitionen fuer das
 2:     Formatierungs-Programm "block"
 3:
 4:     (C) Copyright Wilfried Soeker
 5:     Altenstadt-Oberau, im Oktober 1991
 6: */
 7:
 8: struct ausschluss_struct {
 9:     int ausschluss ;
10:     int erstes_wort ;        /* Zum loeschen fuehrender Blanks */
11:     struct pcl_font_struct *font ;
12:     double schriftgrad ;
13:     double zeilenabstand ;
14:     double faktor ;          /* um aus der tfm-Dickte aus 1pt zu kommen */
15:     double x, y ;            /* Position auf dem Papier */
16:     double links, rechts ;  /* Die Raender */
17:     double oben, unten ;     /* Die Raender */
18:     } ;
19:
20: #define AUS_LINKS 1       /* Linksbuendig */
21: #define AUS_RECHTS 2      /* Rechtsbuendig */
22: #define AUS_ZENTRIERT 3 /* Zentriert */
23: #define AUS_BLOCK 4       /* Blocksatz */
24:
25: #define ZEILENLAENGE 128
26:
27: /* Das folgende Macro wandelt Angaben in Millimeter in Dezipoint um. */
28: /* MM_2_DPT spricht sich Millimeter-to-Dezipoint */
29: #define MM_2_DPT(x) ( (double) (x) / 25.4 * 720. )
30:
```

Liste 7.2: block.c

```
 1: /* Programm zum einfachen Formatieren von Texten.
 2:
 3:     Aufruf: block [-o ausgabedatei] {[Datei]}
 4:                   [] - Optional
 5:                   {} - beliebig viele Wiederholung
 6:
 7:     Innerhalb der Dateien koennen die folgenden Kommandos gegeben werden:
 8:     ^a l    - Linksbuendig ausgeben.
 9:     ^a r    - Rechtsbuendig ausgeben.
10:     ^a z    - Zentriert ausgeben.
11:     ^a b    - Rechts- und linksbuendig ausgeben.
12:     ^f zahl - Angegebenes Font anwaehlen.
13:     ^s zahl - Schriftgrad einstellen.
14:     ^z zahl - Zeilenabstand einstellen.
15:     ^l zahl - Linken Rand einstellen.
```

```
16:     ^r zahl  - Rechten Rand einstellen.
17:     ^o zahl  - Oberen Rand einstellen.
18:     ^u zahl  - Unteren Rand einstellen.
19:     Die Befehle muessen linksbuendig und alleine in einer Zeile stehen.
20:
21:     Im Text koennen Ersetzungen durch das Zeichen '$' eingeleitet werden.
22:     Die folgenden Ersetzungen werden unterstuetzt:
23:     $$  - $          $^  - ^
24:     $a  - adieresis  $o  - odieresis
25:     $u  - udieresis  $A  - Adieresis
26:     $O  - Odieresis  $U  - Udieresis
27:     $s  - sz
28:
29:     (C) Wilfried Soeker,
30:     Altenstadt-Oberau, Oktober 1991
31: */
32:
33: #include <stdio.h>
34: #include "diverses.h"
35: #include "tfm.h"
36: #include "block.h"
37:
38: char *fonts[] = {
39:         "trr0000s.tfm",      /* Times-Roman */
40:         "tri0000s.tfm",      /* Times-Italic */
41:         "trb0000s.tfm",      /* Times-Bold */
42:         "trj0000s.tfm",      /* Times-BoldItalic */
43:         "unr0000s.tfm",      /* Univers-Roman */
44:         "uni0000s.tfm",      /* Univers-Italic */
45:         "unb0000s.tfm",      /* Univers-Bold */
46:         "unj0000s.tfm"       /* Univers-BoldItalic */
47:         } ;
48:
49: main(argc, argv)
50:     int argc ;
51:     char *argv[] ;
52:     {
53:         FILE *eingabe, *ausgabe ;
54:         int fehler ;             /* 0 bedeutet Fehlerfrei */
55:         int printer_reset ;      /* ruft pcl_init auf, falls != 0 */
56:         char *name ;             /* Fuer die Ausgabe des Programmnamens */
57:
58:         /* Grundeinstellungen */
59:         name = *argv ;
60:         ausgabe = stdout ;
61:         eingabe = stdin ;
62:         fehler = 0 ;
63:         printer_reset = 1 ;
64:
65:         fehler = (pcl_font_init(sizeof(fonts)/sizeof(char *), fonts) == 0) ;
66:         for (argc--,argv++ ; fehler == 0 && argc > 0 ; argc--, argv++) {
67:             if (**argv == '-') {    /* Option */
68:                 switch ((*argv)[1]) {
69:                     case 'o':
70:                         if (argc <= 1) {
```

```
71:                              fprintf(stderr, "Ausgabedatei fehlt!\n") ;
72:                              fehler = 1 ;
73:                              break ;
74:                              }
75:                          ausgabe = fopen(argv[1], WS_WRITE) ;
76:                          if (ausgabe == 0) {
77:                              fprintf(stderr,
78:                                  "Datei %s kann nicht geoeffnet werden!\n",
79:                                  argv[1]) ;
80:                              fehler = 1 ;
81:                              break ;
82:                              }
83:                          printer_reset = 1 ;
84:                          argc-- ;
85:                          argv++ ;     /* Wir haben hier zwei verbraucht! */
86:                          break ;
87:                      default:
88:                          fprintf(stderr, "Unbekannte Option %c\n",
89:                                                          (*argv)[1]) ;
90:                          fehler = 1 ;
91:                          break ;
92:                      }
93:                  }
94:              else {                      /* keine Option */
95:                  eingabe = fopen(*argv, "r") ;
96:                  if (eingabe == 0) {
97:                      fprintf(stderr,
98:                              "Datei %s kann nicht geoeffnet werden!\n",
99:                              *argv) ;
100:                      }
101:                  else {
102:                      if (printer_reset) {
103:                          pcl_init(ausgabe) ;
104:                          set_font(0) ;
105:                          }
106:                      bearbeite(eingabe, ausgabe) ;
107:                      printer_reset = 0 ;
108:                      }
109:                  }
110:              }
111:          if (fehler == 0 && eingabe == stdin) {
112:              /* es war keine Datei im Aufruf */
113:              pcl_init(ausgabe) ;
114:              set_font(0) ;
115:              bearbeite(stdin, ausgabe) ;
116:              }
117:
118:          if (fehler) {
119:              fprintf(stderr, "Aufruf: %s %s %s\n",
120:                              name,
121:                              "[-o ausgabedatei]",
122:                              "{[Datei]}") ;
123:              }
124:          else
125:              form_feed(ausgabe) ;
```

```
126:
127:        exit(fehler) ;
128:        }
129:
130: pcl_init(out)
131:     FILE *out ;
132:     {
133:         fprintf(out, "\033E") ;                /* Printer Reset */
134:         fprintf(out, "\033&k2G") ;             /* LF -> CR+LF */
135:     }
```

Liste 7.3: bl_bearb.c

```
1: /* Hier werden einzelne Dateien Zeilenweise eingelesen und dem
2:    Formatierungsprogramm zugefuehrt.
3:
4:    (C) Wilfried Soeker,
5:    Altenstadt-Oberau, Oktober 1991
6: */
7:
8: #include <stdio.h>
9: #include "tfm.h"
10: #include "block.h"
11:
12: extern struct ausschluss_struct Kontext ;
13:
14: bearbeite(in, out)
15:     FILE *in, *out ;
16:     {
17:         unsigned char zeile[ZEILENLAENGE] ;        /* 8-Bit ASCII */
18:         unsigned char wort[ZEILENLAENGE] ;
19:         unsigned char *zpt ;                       /* Zielpointer */
20:         unsigned char *qpt ;                       /* Quellpointer */
21:         int i ;                                    /* zaehler */
22:         int linefeedcount ;
23:
24:         linefeedcount = 0 ;
25:         while ( fgets(zeile, ZEILENLAENGE, in) != 0) {
26:             if (zeile[0] == '^') {
27:                 befehl(zeile+1, out) ;
28:                 continue ;
29:                 }
30:             qpt = zeile ;        /* Quelle */
31:             zpt = wort ;         /* Ziel */
32:             if (Kontext.ausschluss == AUS_BLOCK)
33:                 *zpt++ = ' ' ;
34:             for (i=0 ; *qpt != '\0' && i < ZEILENLAENGE ; i++, qpt++) {
35:                 switch (*qpt) {
36:                     case '\n':
37:                     case '\r':
38:                         *zpt = '\0' ;          /* Wort abschliessen */
39:                         if (zpt != wort)       /* Nur wenn etwas da ist */
40:                             add_wort(wort, out) ;
41:                         zpt = wort ;           /* Ziel zuruecksetzen */
42:                         if (Kontext.ausschluss != AUS_BLOCK)
```

```
43:                                    ausschluss(out) ;
44:                         else if (linefeedcount++ >= 1) {
45:                             if (Kontext.erstes_wort == 0) {
46:                                 /* Erst die alten Sachen ausgeben */
47:                                 Kontext.ausschluss = AUS_LINKS ;
48:                                 ausschluss(out) ;
49:                                 Kontext.ausschluss = AUS_BLOCK ;
50:                             }
51:                             ausschluss(out) ;    /* leerzeile */
52:                         }
53:                     break ;
54:                 case '\f':
55:                     if (Kontext.ausschluss == AUS_BLOCK)
56:                         ausschluss(out) ;
57:                     form_feed(out) ;
58:                     linefeedcount = 0 ;
59:                     break ;
60:                 case ' ':
61:                 case '\t':
62:                     *zpt = '\0' ;           /* Wort abschliessen */
63:                     add_wort(wort, out) ;
64:                     zpt = wort ;            /* Ziel zuruecksetzen */
65:                     *zpt++ = ' ' ;          /* Trenner einfuegen */
66:                     linefeedcount = 0 ;
67:                     break ;
68:                 case '$':
69:                     qpt++ ;         /* Das Zeichen nach '$' */
70:                     switch (*qpt) {
71:                         case '\0':
72:                             qpt-- ;
73:                             break ;
74:                         case 'a':          /* ae */
75:                             *zpt = 132 ;
76:                             break ;
77:                         case 'o':          /* oe */
78:                             *zpt = 148 ;
79:                             break ;
80:                         case 'u':          /* ue */
81:                             *zpt = 129 ;
82:                             break ;
83:                         case 'A':          /* Ae */
84:                             *zpt = 142 ;
85:                             break ;
86:                         case 'O':          /* Oe */
87:                             *zpt = 153 ;
88:                             break ;
89:                         case 'U':          /* Ue */
90:                             *zpt = 154 ;
91:                             break ;
92:                         case 's':          /* sz */
93:                             *zpt = 225 ;
94:                             break ;
95:                         /* case '$':
96:                          * case '^': */
97:                         default:
```

```
 98:                            *zpt = *qpt ;
 99:                            break ;
100:                          }
101:                    zpt++ ;
102:                    linefeedcount = 0 ;
103:                    break ;
104:                 default:
105:                    *zpt++ = *qpt ;
106:                    linefeedcount = 0 ;
107:                    break ;
108:              }    /* switch (*qpt) */
109:           }   /* for ( .. ) */
110:        }   /* while ( fgets .. ) */
111:      }
112:
113: form_feed(out)
114:     FILE *out ;
115:     {
116:        /* Hier koennen spaeter vielleicht einmal die Erzeugung
117:           der Kopf- und Fusszeilen angestossen werden. */
118:        fprintf(out, "\014") ;
119:        Kontext.y = Kontext.oben ;
120:        Kontext.x = Kontext.links ;
121:        }
```

Liste 7.4: bl_cmd.c

```
 1: /* Hier werden die Kommandos des Programmes 'block' analysiert
 2:    und ausdefuehrt.
 3:
 4:    Innerhalb der Dateien koennen die folgenden Kommandos gegeben werden:
 5:    ^a l     - Linksbuendig ausgeben.
 6:    ^a r     - Rechtsbuendig ausgeben.
 7:    ^a z     - Zentriert ausgeben.
 8:    ^a b     - Rechts- und linksbuendig ausgeben.
 9:    ^f zahl  - Angegebenes Font anwaehlen.
10:    ^s zahl  - Schriftgrad einstellen.
11:    ^z zahl  - Zeilenabstand einstellen.
12:    ^l zahl  - Linken Rand einstellen.
13:    ^r zahl  - Rechten Rand einstellen.
14:    ^o zahl  - Oberen Rand einstellen.
15:    ^u zahl  - Unteren Rand einstellen.
16:    Die Befehle muessen linksbuendig und alleine in einer Zeile stehen.
17:
18:    (C) Wilfried Soeker,
19:    Altenstadt-Oberau, Oktober 1991
20: */
21:
22: #include <stdio.h>
23: #include "tfm.h"
24: #include "block.h"
25:
26: extern struct ausschluss_struct Kontext ;
27:
28: extern unsigned char Ausgabe_Zeile[] ;
```

```
29: extern int Ausgabe_index ;
30:
31: extern int max_fontnr ;
32: extern struct pcl_font_struct *pcl_fonts ;
33:
34: befehl(zeile, out)
35:     char *zeile ;
36:     FILE *out ;
37:     {
38:         int fontnr ;
39:         double Zahl ;
40:         char cmd ;
41:         char str[20] ;        /* Gross genug anlegen! */
42:         int l ;
43:
44:         fontnr = -1 ;
45:         switch (*zeile) {
46:             case 'a':         /* Formatierung */
47:                 if (Kontext.erstes_wort == 0)     /* Schon etwas vorhanden */
48:                     ausschluss(out) ;             /* Altes erst ausgeben */
49:                 if (zeile[1] == ' ')
50:                     cmd = zeile[2] ;
51:                 else
52:                     cmd = zeile[1] ;
53:                 switch (cmd) {
54:                     case 'l':       /* Linksbuendig */
55:                         Kontext.ausschluss = AUS_LINKS ;
56:                         break ;
57:                     case 'r':       /* Rechtsbuendig */
58:                         Kontext.ausschluss = AUS_RECHTS ;
59:                         break ;
60:                     case 'z':       /* Zentriert */
61:                         Kontext.ausschluss = AUS_ZENTRIERT ;
62:                         break ;
63:                     case 'b':       /* Blocksatz */
64:                         Kontext.ausschluss = AUS_BLOCK ;
65:                         break ;
66:                     default:
67:                         fprintf(stderr, "Unbekannter Typ %s", zeile) ;
68:                         break ;
69:                 }
70:                 break ;
71:             case 'f':         /* Font anwaehlen */
72:                 if (sscanf(zeile+1, "%d", &fontnr) != 1)
73:                     fprintf(stderr, "Falsches Font %s", zeile) ;
74:                 else if (fontnr < 0 || fontnr > max_fontnr)
75:                     fprintf(stderr, "Fontnummer falsch %s", zeile) ;
76:                 else
77:                     set_font(fontnr, out) ;
78:                 break ;
79:             case 's':         /* Schriftgrad */
80:                 if (sscanf(zeile+1, "%lf", &Kontext.schriftgrad) != 1)
81:                     fprintf(stderr, "Falscher Schriftgrad %s", zeile) ;
82:                 else {
83:                     sprintf(str, "\033(s%lgV", Kontext.schriftgrad) ;
```

```
84:                         l = strlen(str) ;
85:                         if (Ausgabe_index + l + 2 > ZEILENLAENGE * 2)
86:                             ausschluss(out) ;
87:                         strcpy(Ausgabe_Zeile + Ausgabe_index, str) ;
88:                         Ausgabe_index += l ;
89:                         set_faktor() ;
90:                         }
91:                     break ;
92:                 case 'z':        /* Zeilenabstand */
93:                     if (sscanf(zeile+1, "%lf", &Kontext.zeilenabstand) != 1)
94:                         fprintf(stderr, "Falscher Zeilenabstand %s", zeile) ;
95:                     else
96:                         Kontext.zeilenabstand = MM_2_DPT(Kontext.zeilenabstand);
97:                     break ;
98:                 case 'l':        /* Linker Rand */
99:                     if (sscanf(zeile+1, "%lf", &Kontext.links) != 1)
100:                        fprintf(stderr, "Falscher Rand %s", zeile) ;
101:                    else {
102:                        Kontext.x = MM_2_DPT(Kontext.links) ;
103:                        Kontext.links = Kontext.x ;
104:                        }
105:                    break ;
106:                case 'r':        /* Rechter Rand */
107:                    if (sscanf(zeile+1, "%lf", &Kontext.rechts) != 1)
108:                        fprintf(stderr, "Falscher Rand %s", zeile) ;
109:                    else
110:                        Kontext.rechts = MM_2_DPT(Kontext.rechts) ;
111:                    break ;
112:                case 'o':        /* Oberer Rand */
113:                    if (sscanf(zeile+1, "%lf", &Zahl) != 1)
114:                        fprintf(stderr, "Falscher Rand %s", zeile) ;
115:                    else {
116:                        Kontext.oben = MM_2_DPT(Kontext.oben) ;
117:                        if (Kontext.y == Kontext.oben)
118:                            Kontext.y = Zahl ;
119:                        Kontext.oben = Zahl ;
120:                        }
121:                    break ;
122:                case 'u':        /* Unterer Rand */
123:                    if (sscanf(zeile+1, "%lf", &Kontext.unten) != 1)
124:                        fprintf(stderr, "Falscher Rand %s", zeile) ;
125:                    else
126:                        Kontext.unten = MM_2_DPT(Kontext.unten) ;
127:                    break ;
128:                default:
129:                    fprintf(stderr, "Unbekannter Befehl %s", zeile) ;
130:                    break ;
131:                }
132:        }
133:
134: set_font(fontnr, out)
135:      int fontnr ;
136:      FILE *out ;
137:      {
138:          char str[40] ;       /* gross genug anlegen! */
```

```
139:            int l ;
140:
141:            Kontext.font = pcl_fonts + fontnr ;
142:            sprintf(str ,"\033(%s\033(s%st%dp%lgv%ds%dB",
143:                        Kontext.font->symbolsets[TFM_PC8].selection_code,
144:                        Kontext.font->font_code,
145:                        Kontext.font->fixed_width ? 0 : 1,
146:                        Kontext.schriftgrad,
147:                        Kontext.font->style,
148:                        Kontext.font->stroke_weight) ;
149:            l = strlen(str) ;
150:            if (Ausgabe_index + l + 2 > ZEILENLAENGE * 2)
151:                ausschluss(out) ;
152:            strcpy(Ausgabe_Zeile + Ausgabe_index, str) ;
153:            Ausgabe_index += l ;
154:            set_faktor() ;
155:            }
156:
157: /* Hier wird der Umrechnungfaktor ausgerechnet, um aus den Dickten in
158:    "Design Units" die entsprechenden Werte in Dezipoint zu erhalten.
159: */
160: set_faktor()
161:    {
162:        Kontext.faktor = 720. * Kontext.font->Pointsize[0] /
163:                             Kontext.font->Pointsize[1] ;
164:        Kontext.faktor /= Kontext.font->Design_Units[0] /
165:                             Kontext.font->Design_Units[1] ;
166:        Kontext.faktor *= Kontext.schriftgrad ;
167:        }
```

Liste 7.5: *bl_aus.c*

```
 1: /* Hier erfolgt der Ausschluss
 2:
 3:    (C) Copyright Wilfried Soeker
 4:    Altenstadt-Oberau, im Oktober 1991
 5: */
 6:
 7: #include <stdio.h>
 8: #include "tfm.h"
 9: #include "block.h"
10:
11: struct ausschluss_struct Kontext = {
12:     AUS_LINKS, 1, 0, 12., 120., 0.,
13:     MM_2_DPT(10), MM_2_DPT(10),
14:     MM_2_DPT(10), MM_2_DPT(180),
15:     MM_2_DPT(10), MM_2_DPT(280)
16:     } ;
17:
18: unsigned char Ausgabe_Zeile[ZEILENLAENGE * 2] ;
19: int Ausgabe_index = 0 ;
20:
```

```
21: add_wort(wort, out)
22:     unsigned char *wort ;
23:     FILE *out ;
24:     {
25:         int i ;
26:         int laenge ;
27:         double check_string(), laufweite ;
28:
29:         if (Kontext.erstes_wort && Kontext.ausschluss == AUS_BLOCK)
30:             /* Im Blocksatz werden beim ersten Wort die fuehrenden
31:              * Leerzeichen unterdrueckt. */
32:             while (*wort == ' ')
33:                 wort++ ;
34:
35:         laenge = strlen(wort) ;
36:         if (laenge > 0) {
37:             if (Kontext.ausschluss != AUS_BLOCK
38:                                 || laenge != 1 || *wort != ' ') {
39:                 /* Ueberspringe im Blocksatz einsame Leerzeichen */
40:                 Kontext.erstes_wort = 0 ;
41:                 laufweite = check_string(wort) ;
42:                 if (Kontext.x + laufweite > Kontext.rechts
43:                                 || Ausgabe_index+laenge >= ZEILENLAENGE*2) {
44:                     ausschluss(out) ;
45:                     if (*wort == ' ') {
46:                         /* Loesche fuehrende Leerzeichen */
47:                         while (*wort == ' ') {
48:                             wort++ ;
49:                             laenge-- ;
50:                         }
51:                         laufweite = check_string(wort) ;
52:                     }
53:                     if (*wort != '\0')
54:                         Kontext.erstes_wort = 0 ;
55:                 }
56:                 strcpy(Ausgabe_Zeile+Ausgabe_index, wort) ;
57:                 Ausgabe_index += laenge ;
58:                 Kontext.x += laufweite ;
59:             }
60:         }
61:     }
62:
63: ausschluss(out)
64:     FILE *out ;
65:     {
66:         double dx ;
67:         int blanks ;        /* Zaehler fuer die Leerzeichen */
68:         unsigned char *pt ;
69:
70:         /* Startposition */
71:         fprintf(out, "\033&a%lgh%lgV", Kontext.links, Kontext.y) ;
72:         dx = Kontext.rechts - Kontext.x ;       /* Rand */
73:         switch (Kontext.ausschluss) {
74:             case AUS_BLOCK:
75:                 for (blanks=0, pt=Ausgabe_Zeile ; *pt != '\0' ; )
```

```
 76:                         if (*pt++ == ' ')
 77:                             blanks++ ;   /* Leerzeichen zaehlen */
 78:                     if (blanks > 1)
 79:                         dx /= blanks ;
 80:                     for (pt=Ausgabe_Zeile ; *pt != '\0' ; pt++) {
 81:                         if (*pt == ' ')
 82:                             fprintf(out, "\033&a%+lgH%c", dx, *pt) ;
 83:                         else
 84:                             fputc(*pt, out) ;
 85:                     }
 86:                     break ;
 87:                 case AUS_LINKS:
 88:                     fprintf(out, "%s", Ausgabe_Zeile) ;
 89:                     break ;
 90:                 case AUS_RECHTS:
 91:                     fprintf(out, "\033&a%+lgH%s", dx, Ausgabe_Zeile) ;
 92:                     break ;
 93:                 case AUS_ZENTRIERT:
 94:                     fprintf(out, "\033&a%+lgH%s", dx/2., Ausgabe_Zeile) ;
 95:                     break ;
 96:             }
 97:         Ausgabe_index = 0 ;
 98:         Ausgabe_Zeile[0] = '\0' ;          /* Zur Sicherheit */
 99:         Kontext.x = Kontext.links ;
100:         Kontext.y += Kontext.zeilenabstand ;
101:         Kontext.erstes_wort = 1 ;
102:         if (Kontext.y > Kontext.unten)
103:             form_feed(out) ;
104:         }
105:
106: /* Berechne die Laufweite des angegebenen Strings */
107: double
108: check_string(string)
109:     unsigned char *string ;
110:     {
111:         unsigned int index ;
112:         double summe ;
113:         double faktor ;
114:         unsigned short int *codes ;
115:
116:         codes = Kontext.font->symbolsets[TFM_PC8].codes ;
117:         faktor = Kontext.faktor ;
118:         for (summe=0 ; *string != '\0' ; string++) {
119:             index = (unsigned int) codes[*string] ;
120:             if (index != 0xffff)    /* Nur falls Zeichen bekannt ist */
121:                 summe += faktor * Kontext.font->tfm_Dickten[index] ;
122:         }
123:         return summe ;
124:         }
```

Neben den hier aufgeführten Programmen werden zusätzlich noch die bereits behandelten Dateien »tfm.c« und »diverses.c« benötigt. Die Übersetzung des Programms kann auf einem UNIX-Rechner durch den folgenden Aufruf erfolgen:

```
cc -O block.c bl_aus.c bl_bearb.c bl_cmd.c diverses.c tfm.c -o block
```

Auf einem PC unter DOS sollte bei Übersetzen dieses wie auch aller anderen C-Programme in diesem Buch das Compact-Modell mit Datenbereichen größer 64 kB verwendet werden.

Zum Testen des erzeugten Programms habe ich auf der Diskette einen kleinen Testtext in der Datei »test.bl« beigefügt. Diese Datei ist auch in der Liste 7.6 abgedruckt. Der Aufruf des Programmes erfolgt durch

block -o aus.pcl test.bl

Liste 7.6: test.bl

```
Dies ist ein Test f$ur das Block-Programm
Zeile 1
^s 10
Zeile 2
^s 12
Zeile 3
Zeile 4


^l 40
^r 90
Zeile 5
^a b
Dies ist ein Test f$ur das Block-Programm
Zeile 1
Zeile 2
Zeile 3
Zeile 4


^l 10
^r 180
^s 18
^z 8
Zeile 5
l=10, r=180, s=18, z=8;
Der Blocksatz interessiert uns hier ganz besonders.
Der Blocksatz interessiert uns hier ganz besonders.
Der Blocksatz interessiert uns hier ganz besonders.
Der Blocksatz interessiert uns hier ganz besonders.
Der Blocksatz interessiert uns hier ganz besonders.
```

```
    Mit f$uhrenden Leerzeichen soll es aber auch funktionieren.
^a z
Diese Zeile ist zentriert!!
Zeile 1
x
^a r
Diese Zeile sollte rechtsb$undig sein.
^f 1
^a l
Diese Zeile ist wieder linksb$undig!
Die Umlaute sind $a, $o, $u, $A, $O, $U und $s!

Nun f$ur jedes Font eine Zeile ausgeben:
^f 0
Times-Roman
^f 1
Times-Italic
^f 2
Times-Bold
^f 3
Times-BoldItalic
^f 4
Univers-Roman
^f 5
Univers-Italic
^f6
Univers-Bold
^f 7
Univers-BoldItalic
```

8 Graue Flächen und Schraffuren

Schriften und andere graphische Objekte lassen sich nicht nur in Schwarz darstellen, sondern sie können grau oder weiß gefüllt werden. Zusätzlich bietet PCL die Möglichkeit, diese Flächen zu schraffieren. Die Darstellung der Objekte erfolgt durch die Verknüpfung von dem darzustellenden Objekt, dem Muster (engl. *pattern*; Grau oder Schraffur) und dem Ziel, der möglicherweise schon bedruckten Seite.

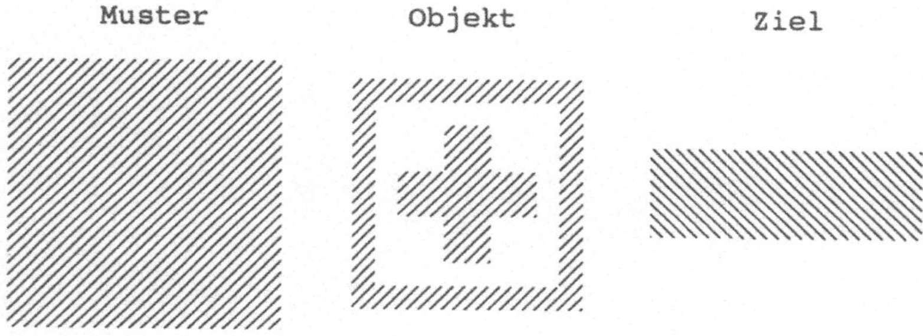

Abbildung 8.1: Muster, Objekt und Ziel

Das Muster und das Objekt können mit einem Attribut versehen werden, das aussagt, ob einer der beiden oder auch beide durchsichtig (transparent) oder undurchsichtig (opaque) sein soll. Durchsichtig bedeutet, daß die weißen Anteile nicht in die Verknüpfung eingehen. Ausgehend von den in Abbildung 8.1 gezeigten Objekten sind vier Varianten der Verknüpfung denkbar. Sie sind in der Abbildung 8.2 zu sehen.

Die Transparenz des Objektes (engl. *source transparency*) wird durch den Befehl »ESC*v#N« eingestellt. Das Argument kann die Werte »0« für durchsichtig und »1« für undurchsichtig annehmen. Die gleichen Argumente werden bei der Festlegung der Transparenz des Musters (engl. *pattern transparency*) durch den Befehl »ESC*v#O« verwendet.

<table>
<tr><td>P
C
L</td><td>Objekt-Transparenz umschalten

ESC * *v transparenz* N</td><td>P
C
L</td></tr>
</table>

<table>
<tr><td>P
C
L</td><td>Muster-Transparenz umschalten

ESC * *v transparenz* O</td><td>P
C
L</td></tr>
</table>

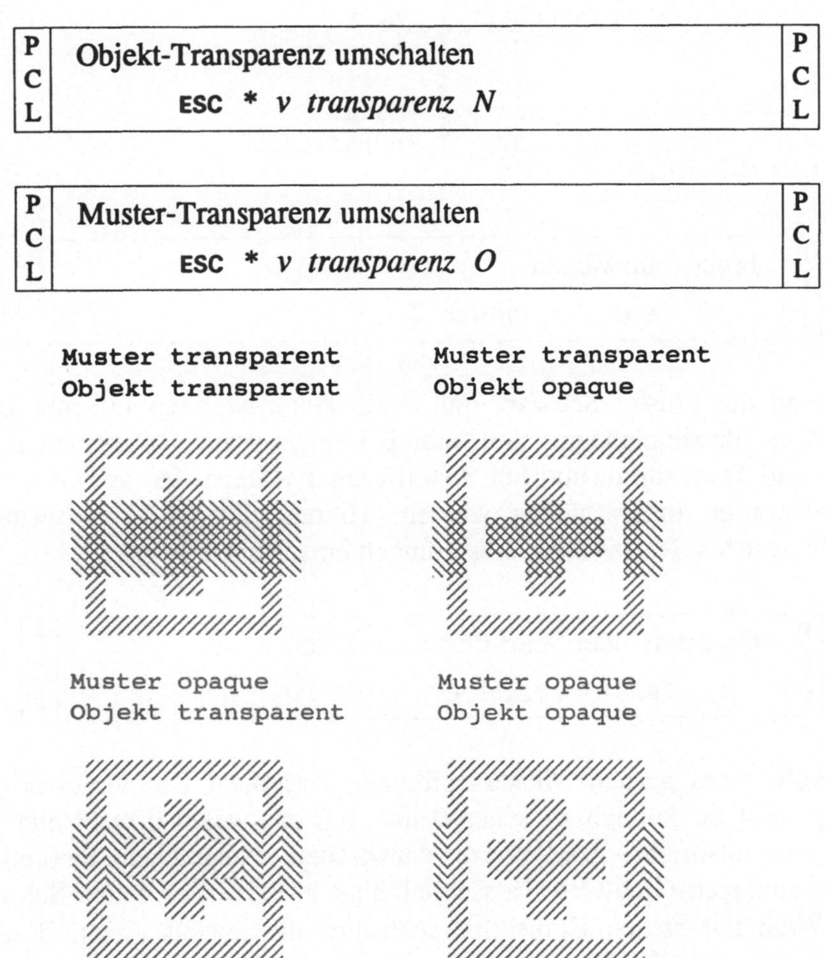

Abbildung 8.2: Die vier Verknüpfungen

Die Struktur des Musters kann zwischen schwarz, weiß, grau und schraffiert variieren. Die Umschaltung erfolgt durch den Befehl »ESC*v#T« mit einem der folgenden Argumente:

Argument	Muster
0	schwarz
1	weiß
2	grau
3	schraffiert

<table>
<tr><td>P
C
L</td><td>Muster auswählen

     ESC   *   *v muster T*</td><td>P
C
L</td></tr>
</table>

Während die Muster Schwarz und Weiß keine weiteren Informationen
benötigen, da sie eindeutig sind, muß bei einem grauen Muster zwischen
Hell- und Dunkelgrau und bei Schraffuren zwischen den verschiedenen
Schraffurarten unterschieden werden. Hierzu gibt es einen weiteren
Befehl »ESC*c#G«, der diese Abstufungen einzustellen vermag.

<table>
<tr><td>P
C
L</td><td>Graustufe oder Schraffurart einstellen

     ESC   *   *c zahl G*</td><td>P
C
L</td></tr>
</table>

Im Falle eines grauen Musters gibt das Argument den Grauwert als
Prozentzahl im Bereich zwischen 0 und 100 an, wobei 0 weiß und 100
Schwarz entspricht. Die Werte dazwischen entsprechen theoretisch
einem analogen Grauwert. Tatsächlich sind in PCL aber neben Schwarz
und Weiß nur sieben Graustufen realisiert, die jeweils einem Bereich
zugeordnet sind. Die Bereiche sind in Abbildung 8.3 dargestellt.

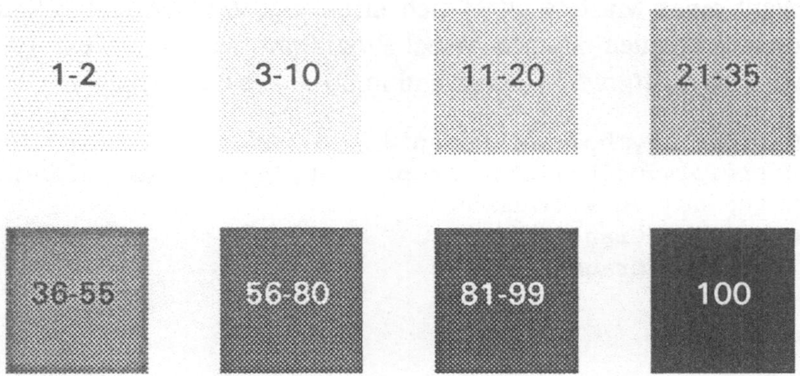

Abbildung 8.3: Grauwerte

In der Füllart »Schraffur« stehen in PCL sechs verschiedene Muster zur Verfügung, die ebenfalls mit der Sequenz »ESC*c#G« in Verbindung mit dem Befehl »ESC*v3T« (= Füllart Schraffur) selektiert werden. Die Schraffurarten sind durchnummeriert und werden mit dem Argument, einer Zahl zwischen »1« und »6« festgelegt. Die Zuordnung der Zahlen zu den Schraffuren kann der Abbildung 8.4 entnommen werden.

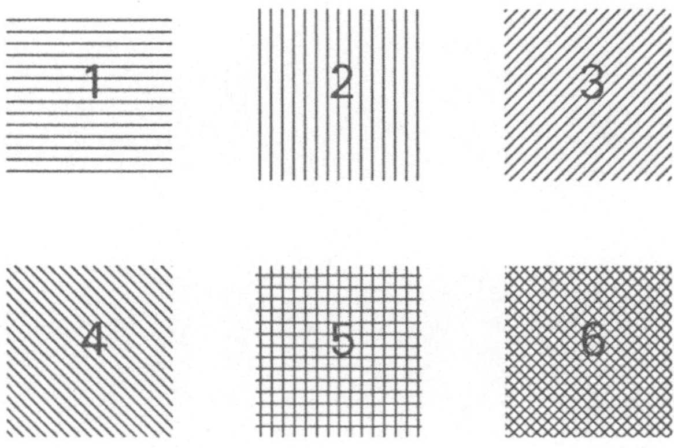

Abbildung 8.4: Schraffuren

Die Wahl eines Musters wirkt sich direkt auf Zeichen und Bilder aus.
Mit dem folgenden kleinen wspcl-Programm wird ein Text im Font
»Univers«, Schriftgrad 14 Punkt und in 30 % Grau ausgegeben.

```
(-ESC [(8U]   Symbol-set Roman-8
(-ESC [(s1p14v0s0b4148T]   Prop.,14pt,Upright,Medium,Univers
(-ESC [*c30G] 30 % Grauwert
(-ESC [*v2T]  Grau füllen
Dies ist eine Graue Zeile.
```

Dies ist eine Graue Zeile.

Aufgabe 8.1: *Versuchen Sie bitte, mit »wspcl« oder einer
Programmiersprache Ihrer Wahl, die folgende Zeile (CG Times Bold, 24
Punkt) zu erzeugen:*

Links   Rechts

9 Gefüllte Rechtecke

PCL bietet die Möglichkeit, Rechtecke zu definieren und mit den im letzten Kapitel behandelten Mustern zu füllen. Die Rechtecke besitzen parallel zu den Blattgrenzen verlaufende Kanten. Aus diesem Grund reicht zur Definition des Rechtecks dessen linker, oberer Eckpunkt, sowie seine Breite und Höhe aus.

Der Eckpunkt ist die aktuelle Cursorposition (siehe Seite 28). Die Breite wird wahlweise durch den Befehl »ESC*c#H« in Dezipunkten oder durch »ESC*c#A« in Pixeln angegeben. Auch die Höhe kann entweder in Dezipunkten durch »ESC*c#V« oder in Pixel durch »ESC*c#B« gewählt werden.

P C L	Breite des Rechtecks in Dezipoint definieren ESC * c *dezipoint* H	P C L

P C L	Breite des Rechtecks in Pixel definieren ESC * c *pixel* A	P C L

P C L	Höhe des Rechtecks in Dezipoint definieren ESC * c *dezipoint* V	P C L

P C L	Höhe des Rechtecks in Pixel definieren ESC * c *pixel* B	P C L

Ein Rechteck mit 720 Dezipunkten Breite und 360 Dezipunkten Höhe, beginnend bei der Cursorposition X=1000 und y=2000 Dezipunkten wird definiert durch die Befehle:

»ESC&a1000H ESC&a2000V ESC*c700H ESC*c360V«

Da sich Sequenzen mit gleichem Vorspann vor dem Argument
zusammenfassen lassen, ist die folgende Sequenz in Ihrer Wirkung
identisch mit der vorstehenden:

»ESC&a1000h2000V ESC*c700h360V«

Nachdem die Ausmaße und die Position des Rechtecks vollständig
definiert sind, soll das Rechteck nun gefüllt werden. Dies geschieht
durch den Befehl »ESC*c#P«, wobei das Argument angibt, ob schwarz,
weiß, grau oder schraffiert gefüllt werden soll. Als weitere Möglichkeit
kann man angeben, daß das Rechteck mit dem zuletzt verwendeten
Muster gefüllt wird. Den Variationen sind Nummern zugeordnet, die als
Argument dienen.

Argument	Gefüllt wird mit
0	schwarz
1	weiß
2	grauem Muster
3	Schraffur
5	altem Muster

P C L	Rechteck füllen ESC * c *füllung* P	P C L

Bei der Verwendung von Grauwerten und Schraffuren wird die
Graustufe bzw. Schraffur mit dem aus dem letzten Kapitel bekannten
Befehl »ESC*c#G« gesetzt (siehe Seite 70).

In dem folgenden Beispiel sind drei Rechtecke mit den Grauwerten 10,
20 und 30 % ineinandergelegt. Das Ergebnis ist in der Abbildung 9.1 zu
sehen.

```
(-ESC [&a2000h2000V]    Eckpunkt Rechteck 1
(-ESC [*c1080h1080V]    Höhe u. Breite Rechteck 1
(-ESC [*c10G]           10% Grau
(-ESC [*c2P]            Rechteck 1 grau füllen
(-ESC [&a1640h1640V]    Eckpunkt Rechteck 2
(-ESC [*c1080h1080V]    Höhe u. Breite Rechteck 2
```

```
(-ESC [*c20g2P]          Rechteck 2 20% grau füllen
(-ESC [&a1280h1280V]     Eckpunkt Rechteck 3
(-ESC [*c1080h1080V]     Höhe u. Breite Rechteck 3
(-ESC [*c30g2P]          Rechteck 3 30% grau füllen
```

Abbildung 9.1: Drei graue Quadrate

Aufgabe 9.1: *Schreiben Sie bitte ein Programm, das die folgende Graphik erzeugt:*

10 Bildverarbeitung

Das dritte graphische Element in PCL ist das Bild. Unter einem Bild versteht man in PCL gerasterte Bilder mit einem Bit je Bildelement (Pel = engl. *Picture ELement*). Die Bildelemente sind zeilenweise angeordnet, wobei die Zeilen entweder horizontal oder vertikal ausgegeben werden, je nach der Seitenorientierung. Der einzige Freiheitsgrad in der Bildgestaltung in PCL liegt in der Wahl der Auflösung, d.h. ob ein Bit der Bilddaten in 1, 4, 9 oder 16 Pixel des Laserdruckers umgesetzt werden. Die analogen Auflösungen sind 300, 150, 100 und 75 Pixel pro Inch.

Eingestellt wird die Auflösung mit dem Befehl »ESC*t#R« mit der Auflösung in Pixeln pro Inch als Argument. Soll ein Bild also beispielsweise mit 100 Pixeln pro Inch dargestellt werden, wird der Befehl »ESC*t100R« benötigt.

<table>
<tr><td>P
C
L</td><td>Bildauflösung einstellen

ESC * *t pixel/inch R*</td><td>P
C
L</td></tr>
</table>

Um das Verhalten des Druckers bei der Rasterung der Bilder zu demonstrieren, soll hier der in Abbildung 10.1 gezeigte Datensatz eines einfachen Bildes als Anschauungsobjekt dienen. Die einzelnen Bildpunkte sind durch das Zeichen ● für einen gesetzten und ○ für einen ungesetzten Bildpunkt dargestellt. Ein gesetzter Bildpunkt entspricht dem Binärwert 1 und ein ungesetzter dem Wert 0. Acht Bits werden zu einem Byte zusammengefaßt.

Das Bild in Abbildung 10.1 besteht im Grunde aus drei Zeilen, die geschickt wiederholt werden. Da die Bilddaten in Bytes übertragen werden, werden je 8 Bits der Zeile zu einem Byte zusammengefaßt.

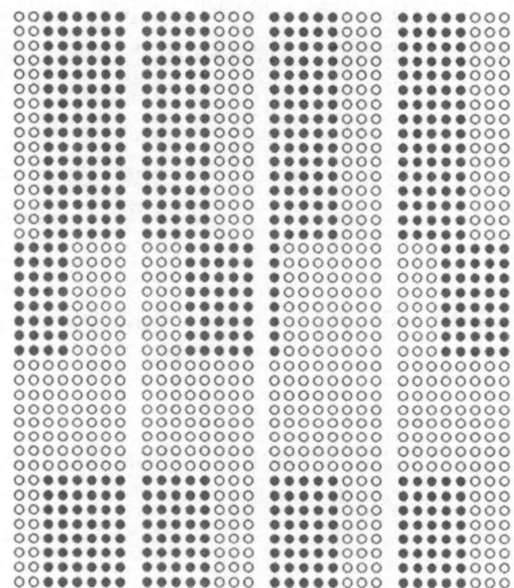

Abbildung 10.1: Datensatz des Beispiel-Bildes

Zur Darstellung der Bytes im Text werden die korrespondierenden Zeichen aus dem aktuellen Symbol-Set verwendet. Für die Darstellung der Zeichen in diesem Buche wurde der Symbol-Set »PC-8« ausgewählt, da hier für fast jedes Byte ein druckbares Zeichen zur Verfügung steht. Eine Ausnahme bildet das Byte mit dem Wert 0, das hier daher durch das Zeichen Ø dargestellt wird.

Wenn nun diese Bilddaten in den verschiedenen Auflösungen als Bilder ausgegeben werden, führt das zu den folgenden Ergebnissen:

75 100 150 300

Abbildung 10.2: Beispiel-Bild in verschiedener Auflösung

In Abbildung 10.3 sind die drei Grund-Zeilen, aus denen das Beispiel-Bild besteht, jeweils binär, Byteweise und als »PC-8«-Zeichen aufgeführt:

```
00111111 11111000 11111000 11111000
    63      248      248      248
     ?        o        o        o


11110000 00011111 10000000 00011111
   240      31      128       31
    ≡        ▼        Ç        ▼


00000000 00000000 00000000 00000000
    0        0        0        0
    Ø        Ø        Ø        Ø
```

Abbildung 10.3: Die drei Grundzeilen

Aus der Größe der Bilder in der Abbildung 10.2 kann man schon ersehen, daß bei größeren Bildern eine umfangreiche Datenmenge zu übertragen sein wird. Bei einem Bild der Größe einer A4-Seite und einer Auflösung von 300 Punkten je Inch sind das ungefähr 1 Megabyte (1Mb = (1024 * 1024) Bytes) Daten. In PCL 5 sind einige Verfahren zur Datenkomprimierung integriert, um das Volumen zu reduzieren. Das bedingt natürlich, daß das sendende Gerät die Daten vorher komprimieren muß.

Um ein Bild verarbeiten zu können, muß dem Drucker bekannt sein, aus wievielen Bildelementen sich das Bild zusammensetzt. Diese Information wird als Höhe und Breite des Bildes in Bildelementen gefordert. Die Breite wird durch den Befehl »ESC*r#S« und die Höhe durch »ESC*r#T« definiert. Auf unser Beispiel bezogen lautet die Breitendefinition »ESC*r32S« und die Höhendefinition »ESC*r40T«. Beide Befehle lassen natürlich auch in der Sequenz »ESC*r32s40T« zusammenfassen.

<table>
<tr><td>P
C
L</td><td>Breite des Bildes in Bildelementen

ESC * *r bildelemente S*</td><td>P
C
L</td></tr>
</table>

P C L	Breite des Bildes in Bildelementen ESC * *r bildelemente S*	P C L

P C L	Höhe des Bildes in Bildelementen ESC * *r bildelemente T*	P C L

Die Orientierung des Bildes ist in der Grundeinstellung des Druckers
fest auf das Format »A4-Hochkant« eingestellt. Das ist aber in den
wenigsten Fällen sinnvoll. Wenn die Seitenorientierung auf das
Querformat umgestellt wird, soll das Bild, das zu dieser Seite gehört,
sicher nicht quer dazu ausgegeben werden. Der Befehl zur
Berücksichtigung der Orientierung bei der Bildverarbeitung lautet
»ESC*r0F« und sollte grundsätzlich vor dem Bild angegeben werden.

P C L	Bildorientierung gleich Seitenorientierung ESC * *r 0 F*	P C L

Nachdem die Grundeinstellungen für das Bild getroffen sind, können
nun die Bilddaten folgen. Der Beginn der Datenphase wird dem Drucker
durch den Befehl »ESC*r#A« signalisiert, mit dem gleichzeitig auch
festgelegt wird, ob der linke Rand des Bildes bei dem X-Wert 0
(Argument = 0) beginnt oder ob er mit der aktuellen Cursorposition
übereinstimmt (Argument = 1). Der letztere Fall ist sicher der
Normalfall, zumal die Y-Position immer von der aktuellen
Cursorposition abgeleitet wird. Die Position des Cursors entspricht also
meist der linken, oberen Ecke des Bildes.

P C L	Beginn der Datenphase ESC * *r 1 A*	P C L

Das Ende der Datenphase wird durch die Sequenz »ESC*rB« angezeigt.
Zwischen diesen beiden Marken folgen nun im wesentlichen die
Bilddaten.

<table>
<tr><td>P
C
L</td><td>Ende der Datenphase

ESC * *r B*</td><td>P
C
L</td></tr>
</table>

Die Bilddaten werden zeilenweise übertragen, wobei vor jeder Zeile ein
Komprimierungsverfahren geändert oder Bildzeilen übersprungen
werden können. Der Befehl »ESC*b#W« signalisiert dem Drucker, das
nun eine bestimmte Anzahl Bytes an Bilddaten direkt im Anschluß an
den Befehl folgen. Die Anzahl wird dem Drucker durch das Argument
mitgeteilt. Falls in einer Bildzeile am rechten Rand ein oder mehrere
Bytes den Wert 0 haben, brauchen sie nicht mit übertragen zu werden,
da in dem Fall, in dem weniger Bilddaten übertragen werden, als das
Bild breit ist, der Rest mit dem Wert 0 aufgefüllt wird.

<table>
<tr><td>P
C
L</td><td>Es folgen Bilddaten

ESC * *b bytes* W</td><td>P
C
L</td></tr>
</table>

10.1 Komprimierungsverfahren

Das Komprimierungsverfahren wird durch den Befehl »ESC*b#M« mit
einer Zahl zwischen 0 und 3 gewählt. Die Bedeutung des Arguments ist
wie folgt:

Zahl	Verfahren
0	unkomprimiert
1	Runlength-kodiert
2	TIFF-Format
3	Delta-Row

<table>
<tr><td>P
C
L</td><td>Komprimierung umschalten

    ESC * *b verfahren M*</td><td>P
C
L</td></tr>
</table>

Die einzelnen Verfahren sollen nun nacheinander anhand des
Beispielbildes erläutert werden. Im ersten Verfahren werden die Daten
unkomprimiert übertragen. Die Sequenz für das Beispiel-Bild
(Abbildung 10.1) sieht hierfür wie folgt aus:

```
ESC&a1440h2880V ESC*t75R ESC*r0F ESC*r32s40T ESC*r1A
ESC*b0M ESC*b4W?°°° ESC*b4W?°°° ESC*b4W?°°° ESC*b4W?°°°
ESC*b4W?°°° ESC*b4W?°°° ESC*b4W?°°° ESC*b4W?°°°
ESC*b4W?°°° ESC*b4W?°°° ESC*b4W?°°° ESC*b4W?°°°
ESC*b4W?°°° ESC*b4W?°°° ESC*b4W?°°° ESC*b4W?°°°
ESC*b4W≡▾Ç▾ ESC*b4W≡▾Ç▾ ESC*b4W≡▾Ç▾ ESC*b4W≡▾Ç▾
ESC*b4W≡▾Ç▾ ESC*b4W≡▾Ç▾ ESC*b4W≡▾Ç▾ ESC*b4W≡▾Ç▾
ESC*b4WØØØØ ESC*b4WØØØØ ESC*b4WØØØØ ESC*b4WØØØØ
ESC*b4WØØØØ ESC*b4WØØØØ ESC*b4WØØØØ ESC*b4WØØØØ
ESC*b4W?°°° ESC*b4W?°°° ESC*b4W?°°° ESC*b4W?°°°
ESC*b4W?°°° ESC*b4W?°°° ESC*b4W?°°° ESC*b4W?°°°
ESC*rB
```

In der ersten Zeile des Beispiels findet die Grundeinstellung des Bildes
statt. Die Sequenzen bedeuten im einzelnen:

ESC&a1440h2880V   Setzen der Cursor-Position auf X=1440 und
Y=2880 Dezipoint. Das bedingt, daß die linke
obere Ecke des Bildes 2 Inches (= 50,8 mm)
vom linken Rand und 4 Inches (= 101,6 mm)
vom oberen Rand entfernt plaziert wird.

ESC*t75R   Das Bild hat eine Auflösung von 75 Punkten pro
Inch. Da die Auflösung des Druckers 300 Pixel
pro Inch beträgt, werden vier mal vier Pixel zu
einem Punkt zusammengefaßt.

ESC*r0F   Das Bild soll natürlich dieselbe Orientierung wie
die Seite haben.

ESC*r32s40T   Die Bildgröße beträgt horizontal 32 und vertikal
                     40 Bildpunkte.

ESC*r1A   Beginn der Bilddaten-Übertragung. Der linke
                     Rand des Bildes wird durch die Cursor-Position
                     bestimmt.

ESC*b0M   Die Daten werden unkomprimiert übertragen.

ESC*b4W?°°°   Die erste Zeile der Bilddaten enthält vier Bytes.
                     Die Datenbytes sind »63« (PC-8-Zeichen ?),
                     »248« (°), »248« (°) und »248« (°).

ESC*b4W?°°°   Zweite Zeile usw.

ESC*rB   Ende der Bilddaten.

Es muß hier unbedingt beachtet werden, daß in dem Beispiel die Escape-Sequenzen in Zeilen aufgeteilt und durch Leerzeichen getrennt sind, dies aber so nicht richtig ist. Tatsächlich sind alle Escape-Sequenzen ohne eine Trennung miteinander verbunden.

Bilddatenzeilen, die nur aus Nullen bestehen, können durch den Befehl »Y-Offset« übersprungen werden. Die Befehls-Sequenz lautet »ESC*b#Y« mit der Anzahl der Null-Zeilen als Argument.

P C L	Leere Bildzeilen einfügen ESC * *b bytes* Y	P C L

Da auch in unserem Beispiel einige Null-Zeilen enthalten sind, können wir das Beispiel auch wie folgt schreiben:

```
ESC&a1440h2880V ESC*t75R ESC*r0F ESC*r32s40T ESC*r1A
ESC*b0M ESC*b4W?°°° ESC*b4W?°°° ESC*b4W?°°° ESC*b4W?°°°
ESC*b4W?°°° ESC*b4W?°°° ESC*b4W?°°° ESC*b4W?°°°
ESC*b4W?°°° ESC*b4W?°°° ESC*b4W?°°° ESC*b4W?°°°
ESC*b4W?°°° ESC*b4W?°°° ESC*b4W?°°° ESC*b4W?°°°
ESC*b4W≡▼Ç▼ ESC*b4W≡▼Ç▼ ESC*b4W≡▼Ç▼ ESC*b4W≡▼Ç▼
ESC*b4W≡▼Ç▼ ESC*b4W≡▼Ç▼ ESC*b4W≡▼Ç▼ ESC*b4W≡▼Ç▼
ESC*b8Y
ESC*b4W?°°° ESC*b4W?°°° ESC*b4W?°°° ESC*b4W?°°°
ESC*b4W?°°° ESC*b4W?°°° ESC*b4W?°°° ESC*b4W?°°°
ESC*rB
```

Der Befehl »Y-Offset« kann vor jedem Bilddaten-Kommando stehen,
unabhängig davon, welches Komprimierungs-Verfahren gewählt wurde.

10.2 Run-Length Komprimierung

Unter dem Begriff »Run-Length-Komprimierung« versteht man ein
Verfahren, bei dem sich wiederholende Muster durch ein Muster und
die Anzahl der Wiederholungen ersetzt werden. In der Bilddaten-
Verarbeitung von PCL ist das Verfahren dadurch eingeschränkt, daß das
Muster einem Byte entsprechen muß, also nur die Wiederholung von
jeweils acht Bits zählt. Im Grunde genommen läuft das Verfahren darauf
hinaus, daß man statt »AAAAABBB« nun »4A1B« schreibt. Der
Wiederholungsfaktor gibt an, wie oft ein Byte wiederholt werden soll;
ein einzelner Buchstabe, z. B. »B« wird durch »0B« ersetzt.

Um das Runlength-Verfahren zu aktivieren, muß der Befehl »ESC*b1M«
gegeben werden. Anschießend folgen die Befehle zur Datenübertragung
»ESC*b#W« mitsamt den Daten. Diese Daten bestehen nun immer aus
Pärchen von zwei Bytes, wobei das erste Byte der Wiederholungsfaktor
im Bereich von 0 bis 255 ist und das zweite Byte das Datum. Am besten
sieht man sich das Komprimierungsverfahren in der Anwendung an:

```
ESC&a1440h2880V ESC*t75R ESC*r0F ESC*r32s40T ESC*r1A
ESC*b1M ESC*b4WØ?☺°  ESC*b4WØ?☺°  ESC*b4WØ?☺°  ESC*b4WØ?☺°
ESC*b4WØ?☺°  ESC*b4WØ?☺°  ESC*b4WØ?☺°  ESC*b4WØ?☺°
ESC*b4WØ?☺°  ESC*b4WØ?☺°  ESC*b4WØ?☺°  ESC*b4WØ?☺°
ESC*b4WØ?☺°  ESC*b4WØ?☺°  ESC*b4WØ?☺°  ESC*b4WØ?☺°
ESC*b8WØ≡Ø▼ØÇØ▼  ESC*b8WØ≡Ø▼ØÇØ▼
ESC*b8WØ≡Ø▼ØÇØ▼  ESC*b8WØ≡Ø▼ØÇØ▼
ESC*b8WØ≡Ø▼ØÇØ▼  ESC*b8WØ≡Ø▼ØÇØ▼
ESC*b8WØ≡Ø▼ØÇØ▼  ESC*b8WØ≡Ø▼ØÇØ▼
ESC*b8WØ≡Ø▼ØÇØ▼  ESC*b8WØ≡Ø▼ØÇØ▼
ESC*b8Y
ESC*b4WØ?☺°  ESC*b4WØ?☺°  ESC*b4WØ?☺°  ESC*b4WØ?☺°
ESC*b4WØ?☺°  ESC*b4WØ?☺°  ESC*b4WØ?☺°  ESC*b4WØ?☺°
ESC*rB
```

Auf unser Beispiel angewendet ergibt sich leider kein Spareffekt,
sondern der Datenstrom wird im Gegenteil zum Teil sogar noch
aufgebläht! Nur wenn mindestens drei Datenbytes sich wiederholen,
lohnt es sich, diese drei durch die komprimierte Version zu ersetzen.
Außerdem sollte der Anteil der komprimierbaren Daten einer Zeile
mindestens 50 Prozent betragen. Ein lohnenderes Bild wäre
beispielsweise dieses:

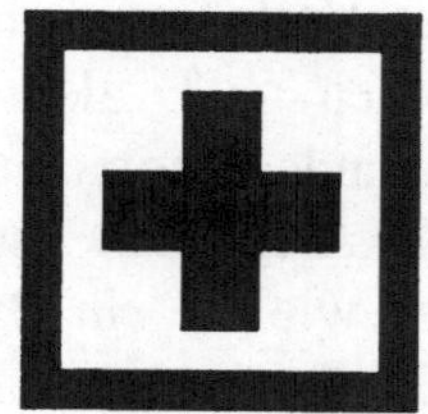

Abbildung 10.4: Ein schwarzes Kreuz

Aufgabe 10.1: *Es sollte Ihnen möglich sein, das Bild aus Abbildung
10.4 selbst zu erzeugen. Folgende Parameter sind für das Bild gegeben:
Auflösung = 75 Punkte/Inch, Bildbreite = 80 und Bildhöhe = 80
Bildelemente (Pels), Dicke des äußeren Rahmen = 8 Pels, Dicke des
Kreuzes = 16 Pels.*

10.3 TIFF-Komprimierung

Der Name »TIFF« ist die Abkürzung für den englischen Ausdruck »Tagged Image File Format«. Das Verfahren arbeitet im Grunde genauso wie die Run-Length-Komprimierung mit einer Erweiterung für Datenbereiche, die sich nicht wiederholen. Die hintereinander liegenden Bytes mit dem Wiederholungsfaktor »0« werden zusammengefaßt und mit einem einzigen Zähler versehen, der besagt, wieviele Bytes ohne Wiederholung folgen. Um zwischen dem Zähler für die Wiederholungen und dem Zähler für die Unikate unterscheiden zu können, wird das Zählerbyte als ein vorzeichenbehaftete Zahl in dem Bereich zwischen -128 und +127 betrachtet. Die Darstellung der negativen Zahlen erfolgt natürlich im Zweier-Komplement.

Ist der Wert des Zählerbytes im Bereich zwischen -1 und -127 wird das nachfolgende Datenbyte wiederholt. Der Wiederholungsfaktor ist der absolute Betrag des Zählerbytes. Ein Wert von -128 wird ignoriert.

Ein Zählerbyte im Bereich zwischen 0 und +127 zeigt die Anzahl der sich nicht wiederholenden Datenbytes an, wobei die Anzahl der Datenbytes der Betrag des Zählerbytes plus 1 ist.

Auch dieses Komprimierungsverfahren auf unser Beispiel-Bild angewendet werden.

```
ESC&a1440h2880V ESC*t75R ESC*r0F ESC*r32s40T ESC*r1A
ESC*b2M ESC*b4WØ?■° ESC*b4WØ?■° ESC*b4WØ?■° ESC*b4WØ?■°
ESC*b4WØ?■° ESC*b4WØ?■° ESC*b4WØ?■° ESC*b4WØ?■°
ESC*b4WØ?■° ESC*b4WØ?■° ESC*b4WØ?■° ESC*b4WØ?■°
ESC*b4WØ?■° ESC*b4WØ?■° ESC*b4WØ?■° ESC*b4WØ?■°
ESC*b5W♥≡▾Ç▾ ESC*b5W♥≡▾Ç▾
ESC*b5W♥≡▾Ç▾ ESC*b5W♥≡▾Ç▾
ESC*b5W♥≡▾Ç▾ ESC*b5W♥≡▾Ç▾
ESC*b5W♥≡▾Ç▾ ESC*b5W♥≡▾Ç▾
ESC*b8Y
ESC*b4WØ?■° ESC*b4WØ?■° ESC*b4WØ?■° ESC*b4WØ?■°
ESC*b4WØ?■° ESC*b4WØ?■° ESC*b4WØ?■° ESC*b4WØ?■°
ESC*rB
```

Die erste Datenzeile mit der Sequenz ESC*b4WØ?■° wollen wir uns
nun etwas näher betrachten. Das erste Datenbyte hat den Wert »0«, so
daß das folgende Byte mit dem Wert »63« ein einzelnes Byte ohne
Wiederholung ist. Darauf folgt ein Byte mit dem Wert »254«. Da dieses
Byte ein Kontrollbyte ist, das über die folgenden Daten Aufschluß gibt,
und zusätzlich das oberste Bit des Bytes gesetzt ist (> 127), handelt es
sich um eine negative Zahl.

Um den Wert des Bytes, dessen Binärkombination »1111 1110« lautet,
zu erfahren, bilden wir das Zweier-Komplement. Das funktioniert in
zwei Schritten. Im ersten Schritt ersetzen wir im Binärkode die »0«
durch die »1« und die »1« durch die »0« und erhalten so die Kombination
»0000 0001«. Im zweiten Schritt wird diese Kombination um eins
inkrementiert, d. h. es wird eine »1« addiert. Das führt schließlich zu
der Binärkombination »0000 0010«, die der Zahl »2« entspricht. Daraus
folgt, das der Kode »254« dem Wert -2 entspricht.

Für das TIFF-Verfahren bedeutet das einen Wiederholungsfaktor »2«.
Das nachfolgende vierte Datenbyte »248« wird also zweimal wiederholt,
was insgesamt dreimal das Byte »248« ergibt.

Aufgabe 10.2: *Erweitern Sie Ihre Lösung der letzten Aufgabe
dahingehend, daß die Daten im TIFF-Verfahren komprimiert sind.*

10.4 Delta-Row-Komprimierung

Als letztes Verfahren soll nun noch das Delta-Row-Verfahren behandelt
werden. Der Begriff »Delta« steht für Differenz bzw. Unterschied und
der Begriff »row« bezeichnet eine Spalte. Mit anderen Worten wird in
diesem Verfahren eine Zeile als Fortschreibung der vorhergehenden
Zeile betrachtet, wobei in den Daten die Unterschiede zu der vorigen
Zeile aufgeführt sind. Die vorhergehende Zeile wird als Vergleichszeile
bezeichnet. Die Daten bestehen aus beliebig vielen Delta-Pärchen, die
jeweils aus einem Kommando-Byte und zwischen einem und acht
Datenbytes zusammengesetzt ist.

Das Kommandobyte selbst besteht wiederum aus zwei Teilen. In dem ersten Teil, der die vorderen 3 Bits umfaßt, steht, wieviele Bytes zu ersetzen sind, was gleichbedeutend mit der Anzahl der Datenbytes des Delta-Pärchens ist. Der Wert der drei Bits kann zwischen 0 und 7 liegen und wird als 1 bis 8 interpretiert.

Die restlichen fünf Bits geben einen Offset an, der besagt, wieviele Bytes von der Vergleichszeile unverändert übernommen werden können. Es kann ein Wert zwischen 0 und 31 sein.

Es gibt nun natürlich das Problem, daß der Offset größer als 31 sein kann. Aus diesem Grund werden in dem Fall, daß ein Offset von 31 erkannt wird, das nachfolgende Byte ebenfalls als Offset betrachtet und der Gesamt-Offset als Summe dieser beiden betrachtet. Falls auch das nicht ausreichend ist, steht auch hier mit einem Wert des zweiten Bytes von 255 die gleiche Fortsetzungmöglichkeit wie im ersten Teil des Offsets zur Verfügung. In diesem Fall besteht der Offset aus der Summe der letzten fünf Bits des ersten Bytes und den beiden folgenden Bytes. Dieser Fortsetzungsmechanismus kann nun beliebig oft wiederholt werden.

```
Beispiele:
a) Binär    001 00110   00110011   11110011
   Dezimal      38          51         243

b) Binär    000 11111   00110011   11110011
   Dezimal      31          51         243
```

In Beispiel a) steht in den ersten drei Bits der Wert 1, was zwei folgende Datenbytes bedeutet. Außerdem muß ein Offset von sechs Bytes beachtet werden. Im Beispiel b) wird nur ein Datenbyte verlangt, dafür ist der Offset aber größer als 31, nämlich 31 + 51, also 82 Bytes.

Manchmal ist eine Bildzeile identisch mit der vorstehenden. In diesem Fall brauchen eigenlich keine Daten übertragen werden. Die Kommandozeile lautet dann »ESC*b0W«. Dies ist nicht gleichbedeutet mit dem Y-Offset-Befehl »ESC*b1Y«, der eine leere Zeile einfügt und die Vergleichzeile löscht, d. h. die nächsten Differenzen basieren auf einer mit Nullen gefüllten Zeile.

Nun wollen wir das Verfahren auf unser Standard-Beispiel anwenden. Zuerst soll das gesamte Beispiel in dem *Delta-Row*-Verfahren aufgelistet werden, dem sich dann einige Erläuterungen anschließen.

```
ESC&a1440h2880V ESC*t75R ESC*r0F ESC*r32s40T ESC*r1A
ESC*b3M ESC*b5W`?°°°
ESC*b0W ESC*b0W ESC*b0W ESC*b0W ESC*b0W
ESC*b0W ESC*b0W ESC*b0W ESC*b0W ESC*b0W
ESC*b0W ESC*b0W ESC*b0W ESC*b0W ESC*b0W
ESC*b5W` ≡ ▾Ç▾
ESC*b0W ESC*b0W ESC*b0W ESC*b0W ESC*b0W ESC*b0W ESC*b0W
ESC*b8Y
ESC*b5W`?°°°
ESC*b0W ESC*b0W ESC*b0W ESC*b0W ESC*b0W ESC*b0W ESC*b0W
ESC*rB
```

ESC*r1A   Beginn der Daten; die Vergleichszeile wird mit dem Wert 0 vorbesetzt.

ESC*b3M   Komprimierungsverfahren »Delta-Row« anwählen.

ESC*b5W`?°°°   Die fünf Datenbytes haben die Werte 96, 63, 248, 248 und 248. Das erste Byte ist ein Kontrollbyte, das in der Binär-Darstellung der Zahl 01100000 entspricht. Nun folgt aus den ersten drei Bits dieser Zahl die Anzahl der Datenbytes; in diesem Fall also folgt aus 011 (3) ein Aufkommen von vier Datenbytes. Die restlichen fünf Bits haben den Wert 00000, was einen Offset von 0 bedeutet. Dem Kommandobyte folgen nun die vier Datenbytes 63 und dreimal 248. Das ist auch gleichzeitig das Ende der Zeile.

ESC*b0W   Die vorhergehende Zeile wird unverändert wiederholt.

Aufgabe 10.3: *Verwenden Sie bitte das »Delta-Row«-Verfahren zur Erzeugung des Bildes in Abbildung 10.4.*

10.5 Gemischte Verfahren

Alle Komprimierungsverfahren sind nun behandelt worden und es ist offensichtlich, daß jedes der Verfahren bei bestimmten Mustern zu großen Einsparungen führen kann, bei anderen aber im Gegenteil zu einer Aufblähung der Daten führt. Günstig wirkt sich hier nun die Möglichkeit von PCL aus, vor jeder einzelnen Zeile des Bildes das Komprimierungsverfahren wechseln zu können.

Wir wollen das an unserem einfachen Beispiel einmal ausprobieren. Die erste Zeile ist unkomprimiert oder im TIFF-Verfahren am kürzesten. Das zweite Muster ist am besten unkomprimiert zu verwenden, während alle Wiederholungen der Zeilen natürlich im *Delta-Row*-Verfahren das günstigste Verhalten zeigen. Um eine große Vielfalt zu erreichen, wählen wir für das erste Muster das TIFF-Verfahren. Wir können nun einfach von den vorherigen Beispielen die entsprechenden Zeilen zusammensetzen:

```
ESC&a1440h2880V ESC*t75R ESC*r0F ESC*r32s40T ESC*r1A
ESC*b2M ESC*b4WØ?■°
ESC*b3M
ESC*b0W ESC*b0W ESC*b0W ESC*b0W ESC*b0W
ESC*b0W ESC*b0W ESC*b0W ESC*b0W ESC*b0W
ESC*b0W ESC*b0W ESC*b0W ESC*b0W ESC*b0W
ESC*b0M
ESC*b4W≡▼Ç▼
ESC*b3M
ESC*b0W ESC*b0W ESC*b0W ESC*b0W ESC*b0W ESC*b0W ESC*b0W
ESC*b8Y
ESC*b2M
ESC*b4WØ?■°
ESC*b3M
ESC*b0W ESC*b0W ESC*b0W ESC*b0W ESC*b0W ESC*b0W ESC*b0W
ESC*rB
```

11 Programmbeispiel zur Bildverarbeitung

Bilder lassen sich aufgrund ihrer Entstehung grundsätzlich in zwei Kategorien unterteilen. Zum einen gibt es die realen Bilder, die von einem geeigneten Aufnahmegerät (Scanner) abgetastet und an einen Computer übertragen wurden. In dem Computer werden diese Bilder dann möglicherweise überarbeitet und zu einem späteren Zeitpunkt auf dem Drucker ausgegeben.

Die zweite Gruppe sind die synthetischen Bilder, die allein auf mehr oder weniger komplizierten Berechnungen basieren, welche als Ergebnis die gewünschten Bilddaten absondern. Den einfachsten Fall eines synthetischen Bildes haben wir im letzten Kapitel als Beispiel verwendet, indem wir die Bilddaten fest vorgegeben haben.

Um die Anwendung der Bildverarbeitung von PCL in einer etwas umfangreicheren Software darzustellen, soll hier nun ein Programm vorgestellt werden, das eine recht interessante Variante der synthetischen Bilder erzeugt, die Mandelbrot-Figuren.

Ohne näher auf die mathematischen Hintergründe der Mandelbrot-Figuren einzugehen, handelt es sich hierbei um einen komplexen Rückkopplungs-Algorithmus, der sich aus der Formel »$z \rightarrow z^2 + c$« ableitet. Die zu erzeugende Graphik ist zweidimensional und trägt auf der X-Achse die reelen und auf der Y-Achse die imaginären Anteile des Algorithmus ein. Für jeden Punkt in dieser Graphik wird mit den dazugehörigen reellen und imaginären Werten, hier kurz als »r« und »i« bezeichnet, eine Berechnung so oft wiederholt, bis die Summe der Quadrate der Zahlen »x« und »y« einen festgelegten Grenzwert überschreitet. Bevor der Algorithmus in Kurzform dargestellt wird, soll in den Abbildungen 11.1 bis 11.4 kurz gezeigt werden, wie die Bilder aussehen können, die von ihm erzeugt werden.

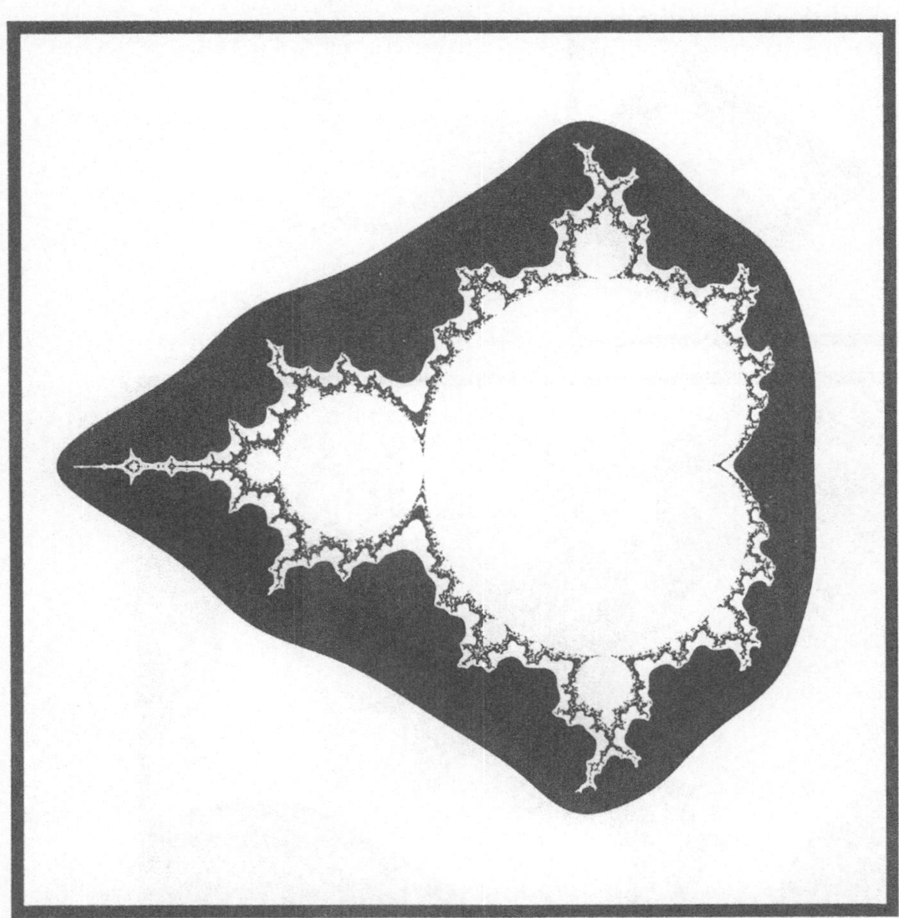

Abbildung 11.1: Gesamte Mandelbrotmenge

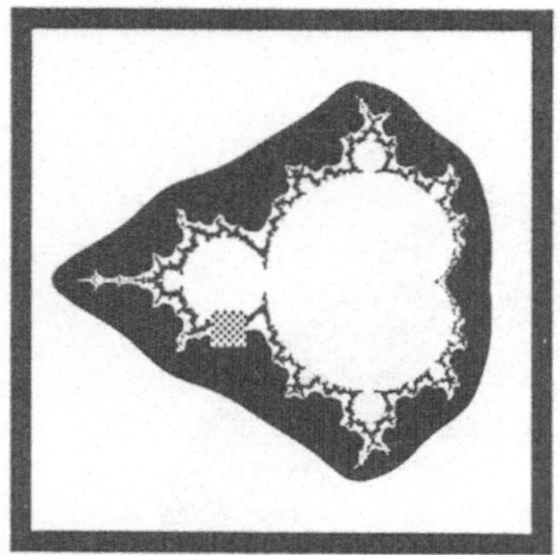

Abbildung 11.2: Auschnitt Real -1,088 - -0,928 ; Imaginär 0,25 - 0,4

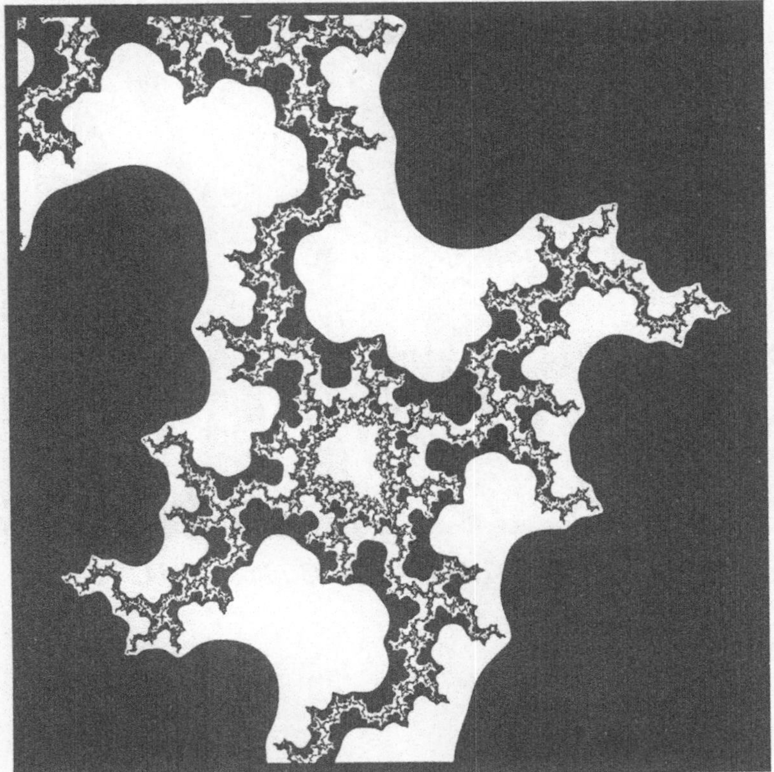

Abbildung 11.3: Auschnitt Real -1,0444 - -1,0333 ; Imag. 0,342 - 0,3531

Abbildung 11.4: Auschnitt Real -1,0444 - -1,0333 ; Imag. 0,342 - 0,3531

Hier der Algorithmus in Kurzform:

```
breite      := Anzahl der Punkte auf der X-Achse
höhe        := Anzahl der Punkte auf der Y-Achse
r_start     := Startwert der reellen Achse
r_end       := Endwert der reellen Achse
i_start     := Startwert der imaginären Achse
i_end       := Endwert der imaginären Achse
dr          := (r_end - r_start) / (breite - 1)
di          := (i_end - i_start) / (hoehe  - 1)

Für alle Punkte P(j , i) mit j als Spaltenindex im Bereich
von 0 bis breite-1 und i als Zeilenindex von 0 bis höhe-1.
    x           := 0
    y           := 0
    iteration := 0
    real        := r_start + j * dr
    imag        := i_start + i * di
    Solange (x² + y²) kleiner als der Grenzwert, wiederhole
        x'          :=  x² - y² + real
        y'          :=  2 * x * y + imag
        x           :=  x'
        y           :=  y'
        iteration := iteration + 1
    Ende der Schleife »kleiner als Grenzwert«

    Wähle anhand des Wertes iteration einen geeigneten
    Wert (0 oder 1) für den Punkt P(j,i).

Ende der Schleife »für alle Punkte«.
```

Das Interessante an dem Algorithmus ist, daß auch bei zunehmender Vergrößerung der Details immer wieder neue Strukturen sichtbar werden. An den gezeigten Abbildungen kann man das recht gut beobachten. Den Details des Algorithmus kann bei Interesse in einem der im Anhang erwähnten Bücher nachgegangen werden.

Der Aufruf des Programms erfolgt mit dem Befehl »mandel«, dem eine
ganze Reihe von Optionen (Argumente) folgen können.

Option	Bedeutung
-s höhe breite	Einstellung der Bildgröße in Pixeln. 300 Pixel entsprechen 25,4 mm (1 Inch).
-r start ende	Der Bereich der reellen Werte.
-i start ende	Der Bereich der imaginären Werte.
-I max_iter	Die maximale Anzahl der Iterationen, die durchlaufen werden soll, kann hier festgelegt werden.
-t toleranz	Die Festlegung, ob ein Pixel gesetzt wird oder ob nicht, hängt von der Anzahl der Iterationen ab, die bis zum Erreichen des Grenzwertes benötigt werden. Die Anzahl der Iterationen wird ganzzahlig durch die Toleranz dividiert und das Bit gesetzt, wenn das Ergebnis der Division ungerade ist.
-e Grenzwert	Mit dieser Option kann der Grenzwert festgelegt werden, bei der die Rekursion beendet werden soll.
-o Datei	Mit dieser Option werden die erzeugten PCL-Daten in eine Datei geschrieben. Wird diese Option nicht angewählt, schreibt das Programm die Daten auf den »Standard-Output«, der normalerweise auf den Bildschirm geleitet wird.

Das Programm besteht aus fünf Teilen. Der Eingang in die Routine und die Aufbereitung der Argumente übernimmt die Hauptroutine »main«. Die zeilenweise Berechnung der Bilddaten geschieht in der Routine »bearbeite«. Die Steuerung des Druckers erfolgt durch die Routinen »pcl_init« für die Initialisierung des Druckers, »pcl_bildzeile« für die Ausgabe einer Bildzeile und »pcl_bildende« für den Abschluß der Ausgabe.

Liste 11.1: mandel.c

```
 1: /* Standardverfahren zur Erzeugung eines Mandelbrot-Sets.
 2:
 3:    Aufruf:
 4:    mandel -s hoehe breite -r start end -i start end
 5:           -I max_iter -t Toleranz -e Endquadrat -o file
 6:
 7:    (C) Copyright W. Soeker, Oberau, den 29.07.91
 8: */
 9:
10: #include <stdio.h>
11: #include "diverses.h"
12:
13: #define MAX_BREITE 2400
14: #define MAX_HOEHE 3425
15:
16: #define TIFF 1
17:
18: main(argc, argv)
19:    int argc ;
20:    char *argv[] ;
21:    {
22:        double real_start, real_end ;
23:        double im_start, im_end ;        /* imaginaer */
24:        double end_quadrat ;
25:        int iterationen, toleranz ;
26:        int hoehe, breite ;             /* in pixeln */
27:        FILE *output ;
28:        int fehler ;
29:        char *prog_name ;
30:
31:        /* defaults */
32:        real_start = -2.15 ;
33:        real_end = 0.85 ;
34:        im_start = -1.5 ;
35:        im_end = 1.5 ;
36:        end_quadrat = 100. ;
37:        toleranz = 6 ;
38:        iterationen = 100 ;
39:        hoehe = 900 ;
40:        breite = 900 ;
41:        output = stdout ;
42:        fehler = 0 ;           /* erst mal nein */
```

```
43:         prog_name = *argv ;           /* Name des aufrufenden Programms */
44:
45:         /* Argumente pruefen */
46:         for (argc--, argv++ ; argc > 0 && fehler == 0 ; ) {
47:             if (**argv != '-') {
48:                 fehler = 1 ;
49:                 break ;
50:                 }
51:             switch ((*argv)[1]) {
52:                 case 's':          /* Size; Hoehe und Breite in Pixeln */
53:                     hoehe = breite = 0 ;
54:                     if (argc < 3) {
55:                         fprintf(stderr, "fehlende Argumente") ;
56:                         fehler = 1 ;
57:                         }
58:                     else {
59:                         sscanf(argv[1], "%d", &hoehe) ;
60:                         sscanf(argv[2], "%d", &breite) ;
61:                         if (hoehe <= 0 || breite <= 0) {
62:                             fprintf(stderr, "falsche Argumente") ;
63:                             fehler = 1 ;
64:                             break ;
65:                             }
66:                         argv += 3 ;
67:                         argc -= 3 ;
68:                         }
69:                     break ;
70:                 case 'r':        /* Real-Anteil */
71:                     real_start = real_end = 0. ;
72:                     if (argc < 3) {
73:                         fprintf(stderr, "fehlende Argumente") ;
74:                         fehler = 1 ;
75:                         }
76:                     else {
77:                         sscanf(argv[1], "%lf", &real_start) ;
78:                         sscanf(argv[2], "%lf", &real_end) ;
79:                         argv += 3 ;
80:                         argc -= 3 ;
81:                         }
82:                     break ;
83:                 case 'e':        /* Max X**2+y**2 */
84:                     end_quadrat = 0. ;
85:                     if (argc < 2) {
86:                         fprintf(stderr, "fehlende Argumente") ;
87:                         fehler = 1 ;
88:                         }
89:                     else {
90:                         sscanf(argv[1], "%lf", &end_quadrat) ;
91:                         argv += 2 ;
92:                         argc -= 2 ;
93:                         if (end_quadrat < 10.) {
94:                             fprintf(stderr,"end_quadrat muss >= 10 sein!");
95:                             fehler = 1 ;
96:                             }
97:                         }
```

```
 98:                         break ;
 99:                 case 'i':
100:                     im_start = im_end = 0. ;
101:                     if (argc < 3) {
102:                         fprintf(stderr, "fehlende Argumente") ;
103:                         fehler = 1 ;
104:                     }
105:                     else {
106:                         sscanf(argv[1], "%lf", &im_start) ;
107:                         sscanf(argv[2], "%lf", &im_end) ;
108:                         argv += 3 ;
109:                         argc -= 3 ;
110:                     }
111:                     break ;
112:                 case 'I':
113:                     iterationen = 0 ;    /* zum Feststellen von Fehlern */
114:                     if (argc < 2) {
115:                         fprintf(stderr, "fehlende Argumente") ;
116:                         fehler = 1 ;
117:                     }
118:                     else {
119:                         sscanf(argv[1], "%d", &iterationen) ;
120:                         if (iterationen <= 0) {
121:                             fprintf(stderr, "falsche Argumente") ;
122:                             fehler = 1 ;
123:                             break ;
124:                         }
125:                         argv += 2 ;
126:                         argc -= 2 ;
127:                     }
128:                     break ;
129:                 case 't':
130:                     toleranz = 0 ;   /* zum Feststellen von Fehlern */
131:                     if (argc < 2) {
132:                         fprintf(stderr, "fehlende Argumente") ;
133:                         fehler = 1 ;
134:                     }
135:                     else {
136:                         sscanf(argv[1], "%d", &toleranz) ;
137:                         if (toleranz <= 0) {
138:                             fprintf(stderr, "falsche Argumente") ;
139:                             fehler = 1 ;
140:                             break ;
141:                         }
142:                         argv += 2 ;
143:                         argc -= 2 ;
144:                     }
145:                     break ;
146:                 case 'o':
147:                     output = 0 ;     /* zum Feststellen von Fehlern */
148:                     if (argc < 2) {
149:                         fprintf(stderr, "fehlende Argumente\n") ;
150:                         fehler = 1 ;
151:                     }
152:                     else {
```

```
153:                         output = fopen(argv[1], WS_WRITE) ;
154:                         if (output == 0) {
155:                             fprintf(stderr, "Datei %s nicht offen\n",
156:                                                         argv[1]) ;
157:                             fehler = 1 ;
158:                             break ;
159:                             }
160:                         argv += 2 ;
161:                         argc -= 2 ;
162:                         }
163:                     break ;
164:                 default:
165:                     fprintf(stderr, "illegal option %c\n", (*argv)[1]) ;
166:                     fehler = 1 ;
167:                     break ;
168:                 }
169:             }
170:         if (fehler) {
171:             fprintf(stderr, "%s fehlerhaft beendet; Anwendung:\n",
172:                 prog_name) ;
173:             fprintf(stderr, "%s %s %s %s\n   %s %s %s %s\n",
174:                 prog_name,
175:                 "-s hoehe breite",
176:                 "-r start end",
177:                 "-i start end",
178:                 "-I iterationen",
179:                 "-e Max(x**2+y**2)",
180:                 "-t toleranz",
181:                 "-o file"
182:                 ) ;
183:             }
184:         else
185:             berechne(hoehe, breite, iterationen, toleranz, output,
186:                     end_quadrat, im_start, im_end, real_start, real_end) ;
187:         exit(fehler) ;
188:         }
189:
190: berechne(hoehe, breite, max_iter, toleranz, output,
191:         end_quadrat, i_start, i_end, r_start, r_end)
192:     int hoehe, breite, max_iter, toleranz ;
193:     FILE *output ;
194:     double i_start, i_end, r_start, r_end, end_quadrat ;
195:     {
196:         int i, j ;       /* Zeilen- und Spaltenindex */
197:         int index, iter ;
198:         double x, y, real, imag ;
199:         double x2, y2, xy ;      /* x**2 + y**2 */
200:         double di, dr ;      /* deltas */
201:         unsigned char byte ;
202:         static unsigned char zeile[(MAX_BREITE+7) / 8] ;
203:
204:         pcl_init(output, hoehe, breite) ;
205:         di = (i_end - i_start) / (double)(breite - 1) ;
206:         dr = (r_end - r_start) / (double)(hoehe - 1) ;
207:         for (i=0 ; i < hoehe ; i++) {
```

```
208:                    /* Anzeige, welche Zeile nun berechnet wird. */
209:                    fprintf(stderr, "%d\r", i) ;
210:
211:                byte = 0 ;
212:                for (j=0 ; j < breite ; j++) {
213:                    x2 = y2 = xy = x = y = 0. ;
214:                    iter = 0 ;
215:                    real = r_start + j * dr ;
216:                    imag = i_start + i * di ;
217:                    for (iter=0; iter < max_iter && xy < end_quadrat; iter++){
218:                        y = 2 * x * y + imag ;
219:                        x = x2 - y2 + real ;
220:                        x2 = x * x ;
221:                        y2 = y * y ;
222:                        xy = x2 + y2 ;
223:                        }
224:                    byte <<= 1 ;
225:                    if (iter < max_iter && ((iter / toleranz) & 1) )
226:                        byte++ ;
227:                    if ((((j+1) % 8) == 0) {
228:                        zeile[j/8] = byte ;
229:                        byte = 0 ;
230:                        }
231:                    }
232:                if ( (j % 8) != 0) {
233:                    byte <<= 8 - (j % 8) ;
234:                    zeile[j/8] = byte ;
235:                    j += 7 ;     /* ins naechste Byte */
236:                    }
237:                pcl_bildzeile(output, zeile, j/8) ;
238:                }
239:            pcl_bildende(output) ;
240:            }
241:
242: pcl_init(output, hoehe, breite)
243:     FILE *output ;
244:     int hoehe, breite ;
245:     {
246:         double dezipt ;
247: #       define RAHMENBREITE 50        /* dezipoint */
248:
249:         dezipt = 720. / 300. ;                /* Pixel -> Dezipoint */
250:
251:         /* fprintf(output, "\033E") ;          |* Reset! */
252:
253:         /* Einen Rahmen um das Bild ziehen.
254:            Dies geschieht durch die Ausgabe eines schwarzen Quadrates
255:            das etwas groesser ist als das Bild und die Ausgabe des
256:            Bildes in opaque.
257:         */
258:         fprintf(output, "\033&a%gh%gV",        /* Cursor-Position Rahmen */
259:             ((double)(MAX_BREITE - breite) / 2.) * dezipt - RAHMENBREITE,
260:             ((double)(MAX_HOEHE - hoehe) / 2.) * dezipt - RAHMENBREITE) ;
261:         fprintf(output, "\033*c%gh%gv0P",    /* Rahmengroesse und fuellen */
262:             ((double)breite) * dezipt + RAHMENBREITE*2,
```

```c
263:                    ((double)hoehe ) * dezipt + RAHMENBREITE*2) ;
264:            fprintf(output, "\033*v1n10") ;       /* Alles opaque */
265:
266:            /* Und nun die Initialisierung fuer das Bild */
267:            fprintf(output, "\033&a%gh%gV",       /* Cursor-Position Bild */
268:                    ((double)(MAX_BREITE - breite) / 2.) * dezipt,
269:                    ((double)(MAX_HOEHE - hoehe) / 2.) * dezipt) ;
270:
271:            fprintf(output, "\033*t300R") ;       /* 300 dpi */
272:        /* standard orientation, Bildgroesse und Bildstart */
273:            fprintf(output, "\033*r0f%ds%dt1A", breite, hoehe) ;
274: #ifdef TIFF
275:            fprintf(output, "\033*b2M") ;
276: #else
277:            fprintf(output, "\033*b0M") ;
278: #endif
279:        }
280:
281: pcl_bildende(output)
282:     FILE *output ;
283:     {
284:        fprintf(output, "\033*rB") ;                /* Ende! */
285:        fprintf(output, "\014") ;                   /* Form Feed */
286:     }
287:
288: pcl_bildzeile(output, zeile, laenge)
289:     FILE *output ;
290:     unsigned char *zeile ;
291:     int laenge ;
292:     {
293:        unsigned char *q, *z, *pt ;
294:        int zaehler, i ;
295:        static unsigned char tmp_zeile[(MAX_BREITE+7) / 8] ;
296:
297: #ifdef TIFF
298:        q = zeile ;
299:        pt = z = tmp_zeile ;
300:        for (i=0 ; i < laenge ; ) {
301:            if (q[0] != q[1]) {      /* ungleich! */
302:                pt++ ;                       /* ueber den Zaehler springen */
303:                zaehler = 0 ;
304:                while (q[0] != q[1] && zaehler < 128 && i < laenge) {
305:                    i++ ;
306:                    zaehler++ ;
307:                    *pt++ = *q++ ;
308:                    }
309:                *z = zaehler - 1 ;
310:                z = pt ;
311:                }
312:            else {        /* gleich */
313:                pt++ ;                   /* ueber den Zaehler springen */
314:                *pt++ = *q ;             /* Wert zuweisen */
315:                zaehler = 0 ;
316:                do {
317:                    i++ ;
```

```
318:                    zaehler++ ;
319:                    q++ ;
320:                    } while (q[0] == q[1] && zaehler < 127 && i < laenge) ;
321:             /* Den letzten gleichen kopieren */
322:             i++ ;
323:             zaehler++ ;
324:             q++ ;
325:             *(char *)z = 1 - zaehler ;
326:             z = pt ;
327:             }
328:          }
329:       laenge = z - tmp_zeile ;
330:       zeile = tmp_zeile ;
331: #endif      /* TIFF */
332:       fprintf(output, "\033*b%dW", laenge) ;
333:       fwrite(zeile, 1, laenge, output) ;
334:       }
```

Aus der Sicht der Bildverarbeitung gibt es in dem Programm zwei interessante Teile. Als erstes ist dies die Zusammenfassung der bitweise anfallenden Daten zu Bytes und als zweites die in die Ausgabe integrierte TIFF-Komprimierung.

Das Problem der Zusammenfassung der Bits zu Bytes ist recht einfach zu lösen, indem man in der Schleife zur Bearbeitung einer Zeile ein Byte zum Aufsammeln von je acht Bits zur Verfügung stellt. Dieses Byte wird am Anfang der Zeile mit 0 initialisiert (Zeile 211 auf Seite 101). Innerhalb der Schleife wird das Byte in drei Schritten für die Aufnahme eines Bits bearbeitet. Im ersten Schritt wird der Inhalt des Bytes um ein Bit nach links geschoben, um für das neue Bit Platz zu schaffen (Zeile 224 auf Seite 101). Anschließend wird in dem Fall, daß das Bit gesetzt werden soll, das Byte um eins erhöht (Zeile 226 auf Seite 101). Im anderen Fall muß nichts getan werden, da durch das Schieben von rechts eine 0 eingefügt wurde. Der letzte Schritt besteht nun in der Prüfung, ob schon 8 Bits gesammelt sind (Zeile 227 auf Seite 101). Ist das der Fall, wird das Byte abgelegt und für die nächste Sammlung wieder mit 0 vorbelegt.

Die TIFF-Komprimierung besteht aus einer großen Schleife, die über die gesamte Zeile läuft und selbst wiederum zwei kleine Schleifen enthält (Zeile 300 auf Seite 102). Die erste der beiden Schleifen sammelt sich nicht wiederholende Bytes, während die zweite sich der wiederholenden Bytes annimmt. Die Komprimierung kann in den Fällen, in denen der Drucker keine TIFF-Komprimierung versteht, durch Löschen der Zeile 16 auf Seite 97 ausgeschaltet werden. Auch zum Testen der Komprimierung ist eine solche Möglichkeit natürlich recht sinnvoll.

Das Programm zur Erzeugung der Mandelbrotfiguren liegt auf der Diskette unter dem Namen »mandel.c«. Die Abbildungen 11.1 bis 11.4 sind mit den folgenden Aufrufen erzeugt worden:

```
11.1:   mandel -s 1410 1410 -o m1
11.2:   mandel -s 1200 1200 -r -1.088 -0.928
               -i 0.24 0.4 -e 200 -o m2
11.3:   mandel -s 1200 1200 -r -1.0444 -1.0333
               -i 0.342 0.3531 -e 200 -o m3
11.4:   mandel -s 1410 1410 -r -1.0444 -1.0333 -t 1
               -i 0.342 0.3531 -I 200 -e 200 -o m4
```

11.1 Bilder mit Grauwerten

Obwohl PCL keine Grauwerte in den Bildelementen kennt, ist es möglich, diese auf dem Rechner zu simulieren und dem Drucker unterzuschieben. Es sind hierfür beliebig komplizierte Ansätze denkbar, wir wollen uns hier aber auf einen ganz einfachen beschränken. Im Prinzip wird das Bildelement nicht als ein Bit betrachtet, sondern mehrere Pixel zu einem Bildelement zusammengefaßt. Als Beispiel ist in der Abbildung 11.5 ein Bildelement mit einer Kantenlänge von drei Pixeln in sechs verschiedenen Graustufen zu sehen. Für unser Mandelbrot-Beispiel wählen wir ein quadratisches Bildelement mit einer Kantenlänge von vier Pixeln.

Aufgabe 11.1: *Wieviele verschiedene Graustufen lassen sich mit einer solchen Grauzelle darstellen?*

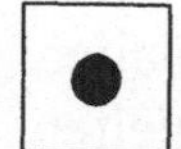     

Abbildung 11.5: Grauzelle bei zunehmendem Grauwert

Am einfachsten läßt sich die Aufgabe, eine *graue* Mandelbrot-Figur auszugeben lösen, indem man eine Zeile mit Grauwerten im Bereich von 0 bis 16 vorrechnet und diese dann in vier Bilddatenzeilen der PCL-Norm wandelt. Der Wert 0 bedeutet "weiß", 8 ca. 50 Prozent "grau" und 16 "schwarz".

Das erste Programm zur Erzeugung von Mandelbrot-Figuren muß die folgenden Änderungen erfahren:

1) Statt der Option »-t« für die Toleranz gibt es nun eine Option »-b«, die angibt, wie viele Iterationsschritte notwendig sind, um erstmals in die Auswertung einbezogen zu werden. Hiermit kann man den interessanten Bereich eingrenzen.

2) Der Aufruf der Routine »pcl_bildzeile« ist eine Ebene tiefer angesiedelt. Dazwischen liegt nun die Routine »grau_fuellen«, die aus einer Zeile mit Grauwerten vier Zeilen mit Bildpixeln erzeugt, die dann schließlich durch »pcl_bildzeile« ausgegeben werden.

Die Umwandlung der Grauwerte in Bitmuster geschieht mit Hilfe vordefinierter Grauwert-Tabellen, in der für jeden Grauwert das entsprechende Bitmuster zu finden ist.

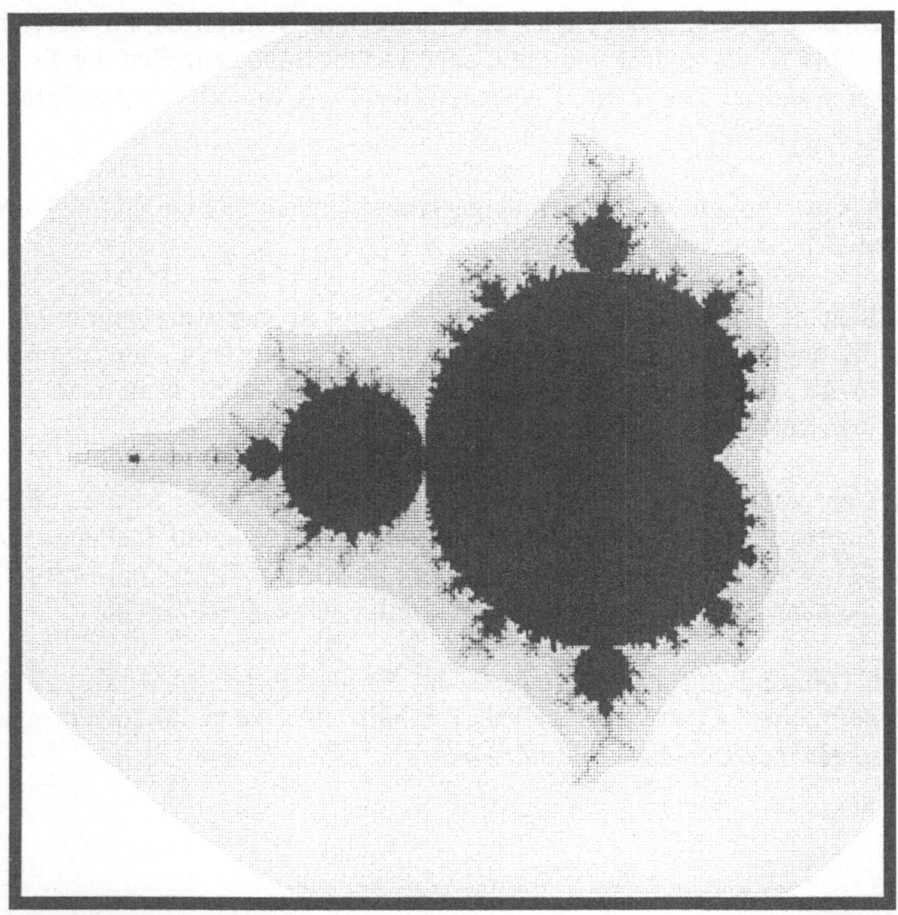

Abbildung 11.6: Mandelbrot-Figur in Grau

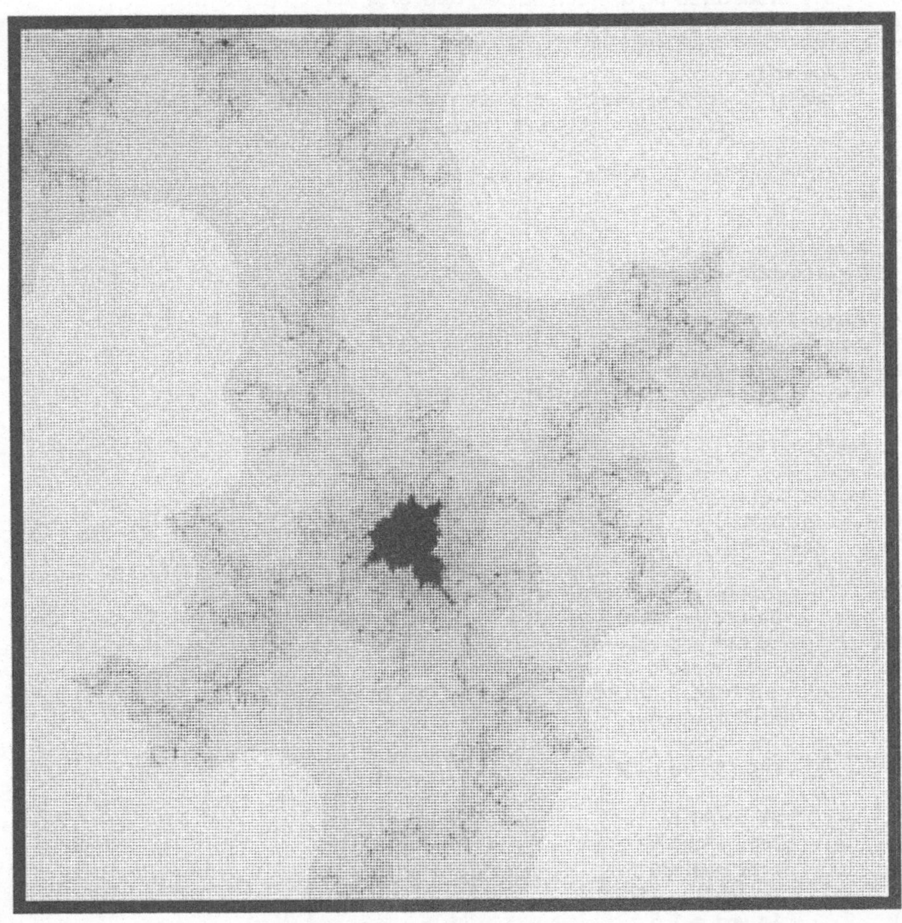

Abbildung 11.7: Auschnitt Real -1,0444 - -1,0333 ; Imag. 0,342 - 0,3531

Liste 11.2: mandel2.c

```c
 1: /* Standardverfahren zur Erzeugung eines Mandelbrot-Sets.
 2:    Diesmal aber mit Graustufen!
 3:    Die Graustufen werden auf den Wertebereich der Iterationen
 4:    gleichmaessig verteilt.
 5:
 6:    Aufruf:
 7:    mandel    -s hoehe breite -r start end -i start end -I max_iter
 8:              -b Basisiteration -e Endquadrat -o file
 9:
10:    (C) Copyright W. Soeker, Oberau, den 01.08.91
11: */
12:
13: #include <stdio.h>
14: #include "diverses.h"
15:
16: #define MAX_BREITE 2400
17: #define MAX_HOEHE 3425
18: #define GRAU_KANTE 4
19: #define MAX_GRAU (GRAU_KANTE * GRAU_KANTE)
20:
21: #define TIFF 1
22:
23: main(argc, argv)
24:     int argc ;
25:     char *argv[] ;
26:     {
27:         double real_start, real_end ;
28:         double im_start, im_end ;        /* imaginaer */
29:         double end_quadrat ;
30:         int iterationen, basis_iteration ;
31:         int hoehe, breite ;              /* in pixeln */
32:         FILE *output ;
33:         int fehler ;
34:         char *prog_name ;
35:
36:         /* defaults */
37:         real_start = -2.15 ;
38:         real_end = 0.85 ;
39:         im_start = -1.5 ;
40:         im_end = 1.5 ;
41:         end_quadrat = 100. ;
42:         iterationen = 100 ;
43:         basis_iteration = 0 ;
44:         hoehe = 900 ;
45:         breite = 900 ;
46:         output = stdout ;
47:         fehler = 0 ;            /* erst mal nein */
48:         prog_name = *argv ;          /* Name des aufrufenden Programms */
49:
50:         /* Argumente pruefen */
51:         for (argc--, argv++ ; argc > 0 && fehler == 0 ; ) {
52:             if (**argv != '-') {
53:                 fehler = 1 ;
```

```
54:                    break ;
55:                    }
56:               switch ((*argv)[1]) {
57:                  case 's':          /* Size; Hoehe und Breite in Pixeln */
58:                     hoehe = breite = 0 ;
59:                     if (argc < 3) {
60:                         fprintf(stderr, "fehlende Argumente") ;
61:                         fehler = 1 ;
62:                         }
63:                     else {
64:                         sscanf(argv[1], "%d", &hoehe) ;
65:                         sscanf(argv[2], "%d", &breite) ;
66:                         if (hoehe <= 0 || breite <= 0) {
67:                             fprintf(stderr, "falsche Argumente") ;
68:                             fehler = 1 ;
69:                             break ;
70:                             }
71:                         hoehe = ( (int) (hoehe / GRAU_KANTE) ) * GRAU_KANTE;
72:                         breite = ((int) (breite/ GRAU_KANTE) ) * GRAU_KANTE;
73:                         argv += 3 ;
74:                         argc -= 3 ;
75:                         }
76:                     break ;
77:                  case 'r':          /* Real-Anteil */
78:                     real_start = real_end = 0. ;
79:                     if (argc < 3) {
80:                         fprintf(stderr, "fehlende Argumente") ;
81:                         fehler = 1 ;
82:                         }
83:                     else {
84:                         sscanf(argv[1], "%lf", &real_start) ;
85:                         sscanf(argv[2], "%lf", &real_end) ;
86:                         argv += 3 ;
87:                         argc -= 3 ;
88:                         }
89:                     break ;
90:                  case 'e':          /* Max X**2+y**2 */
91:                     end_quadrat = 0. ;
92:                     if (argc < 2) {
93:                         fprintf(stderr, "fehlende Argumente") ;
94:                         fehler = 1 ;
95:                         }
96:                     else {
97:                         sscanf(argv[1], "%lf", &end_quadrat) ;
98:                         argv += 2 ;
99:                         argc -= 2 ;
100:                         if (end_quadrat < 10.) {
101:                             fprintf(stderr, "end_quadrat muss >= 10 sein!");
102:                             fehler = 1 ;
103:                             }
104:                         }
105:                     break ;
106:                  case 'i':
107:                     im_start = im_end = 0. ;
108:                     if (argc < 3) {
```

```
109:                          fprintf(stderr, "fehlende Argumente") ;
110:                          fehler = 1 ;
111:                          }
112:                      else {
113:                          sscanf(argv[1], "%lf", &im_start) ;
114:                          sscanf(argv[2], "%lf", &im_end) ;
115:                          argv += 3 ;
116:                          argc -= 3 ;
117:                          }
118:                      break ;
119:                  case 'I':
120:                      iterationen = 0 ;
121:                      if (argc < 2) {
122:                          fprintf(stderr, "fehlende Argumente") ;
123:                          fehler = 1 ;
124:                          }
125:                      else {
126:                          sscanf(argv[1], "%d", &iterationen) ;
127:                          if (iterationen <= 0) {
128:                              fprintf(stderr, "falsche Argumente") ;
129:                              fehler = 1 ;
130:                              break ;
131:                              }
132:                          argv += 2 ;
133:                          argc -= 2 ;
134:                          }
135:                      break ;
136:                  case 'b':
137:                      basis_iteration = 0 ;
138:                      if (argc < 2) {
139:                          fprintf(stderr, "fehlende Argumente") ;
140:                          fehler = 1 ;
141:                          }
142:                      else {
143:                          sscanf(argv[1], "%d", &basis_iteration) ;
144:                          if (basis_iteration < 0) {
145:                              fprintf(stderr, "falsche Argumente") ;
146:                              fehler = 1 ;
147:                              break ;
148:                              }
149:                          argv += 2 ;
150:                          argc -= 2 ;
151:                          }
152:                      break ;
153:                  case 'o':
154:                      output = 0 ;
155:                      if (argc < 2) {
156:                          fprintf(stderr, "fehlende Argumente\n") ;
157:                          fehler = 1 ;
158:                          }
159:                      else {
160:                          output = fopen(argv[1], WS_WRITE) ;
161:                          if (output == 0) {
162:                              fprintf(stderr, "Datei %s ist nicht offen\n",
163:                                                            argv[1]) ;
```

```
164:                            fehler = 1 ;
165:                            break ;
166:                        }
167:                    argv += 2 ;
168:                    argc -= 2 ;
169:                    }
170:                break ;
171:            default:
172:                fprintf(stderr, "illegal option %c\n", (*argv)[1]) ;
173:                fehler = 1 ;
174:                break ;
175:            }
176:        }
177:    if (fehler) {
178:        fprintf(stderr, "%s fehlerhaft beendet; Anwendung:\n",
179:            prog_name) ;
180:        fprintf(stderr, "%s %s %s %s\n   %s %s %s %s\n",
181:            prog_name,
182:            "-s hoehe breite",
183:            "-r start end",
184:            "-i start end",
185:            "-I iterationen",
186:            "-b Basis-Iteration",
187:            "-e Max(x**2+y**2)",
188:            "-o file"
189:            ) ;
190:        }
191:    else
192:        berechne(hoehe, breite, iterationen, output, basis_iteration,
193:                 end_quadrat, im_start, im_end, real_start, real_end) ;
194:    exit(fehler) ;
195:    }
196:
197: berechne(hoehe, breite, max_iter, output, basis,
198:          end_quadrat, i_start, i_end, r_start, r_end)
199:    int hoehe, breite, max_iter, basis ;
200:    FILE *output ;
201:    double i_start, i_end, r_start, r_end, end_quadrat ;
202:    {
203:        int i, j ;       /* Zeilen- und Spaltenindex */
204:        int index, iter ;
205:        double x, y, real, imag ;
206:        double x2, y2, xy ;      /* x**2 + y**2 */
207:        double di, dr ;      /* deltas */
208:        double teiler ;
209:        static unsigned char grau_zeile[MAX_BREITE] ;
210:        int p_hoehe, p_breite ;
211:
212:        pcl_init(output, hoehe, breite) ;
213:        p_hoehe = hoehe / GRAU_KANTE ;
214:        p_breite = breite / GRAU_KANTE ;
215:        teiler = (double)(max_iter - basis + 1) / (double)(MAX_GRAU + 1) ;
216:        di = (i_end - i_start) / (double)(p_breite - 1) ;
217:        dr = (r_end - r_start) / (double)(p_hoehe - 1) ;
218:        for (i=0 ; i < p_hoehe ; i++) {
```

```
219:                /* Anzeige, welche Zeile nun berechnet wird. */
220:                fprintf(stderr, "%d\r", i) ;
221:
222:                for (j=0 ; j < p_breite ; j++) {
223:                    x2 = y2 = xy = x = y = 0. ;
224:                    iter = 0 ;
225:                    real = r_start + j * dr ;
226:                    imag = i_start + i * di ;
227:                    for (iter=0; iter < max_iter && xy < end_quadrat; iter++){
228:                        y = 2 * x * y + imag ;
229:                        x = x2 - y2 + real ;
230:                        x2 = x * x ;
231:                        y2 = y * y ;
232:                        xy = x2 + y2 ;
233:                    }
234:                    if (iter <= basis)
235:                        grau_zeile[j] = 0 ;
236:                    else
237:                        grau_zeile[j] = (int)((double)(iter - basis) / teiler) ;
238:                }
239:            grau_fuellen(output, grau_zeile, j) ;
240:            }
241:        pcl_bildende(output) ;
242:        }
243:
244: /* Fest fuer eine Graufeld-groesse */
245: char graumuster[17][4] = {
246:        { 0x00, 0x00, 0x00, 0x00 } ,
247:        { 0x00, 0x04, 0x00, 0x00 } ,
248:        { 0x00, 0x04, 0x02, 0x00 } ,
249:        { 0x00, 0x06, 0x02, 0x00 } ,
250:        { 0x00, 0x06, 0x06, 0x00 } ,
251:        { 0x00, 0x07, 0x06, 0x00 } ,
252:        { 0x00, 0x07, 0x06, 0x04 } ,
253:        { 0x02, 0x07, 0x06, 0x04 } ,
254:        { 0x02, 0x07, 0x0e, 0x04 } ,
255:        { 0x06, 0x07, 0x0e, 0x04 } ,
256:        { 0x06, 0x07, 0x0f, 0x04 } ,
257:        { 0x06, 0x0f, 0x0f, 0x04 } ,
258:        { 0x06, 0x0f, 0x0f, 0x06 } ,
259:        { 0x0e, 0x0f, 0x0f, 0x06 } ,
260:        { 0x0e, 0x0f, 0x0f, 0x07 } ,
261:        { 0x0f, 0x0f, 0x0f, 0x07 } ,
262:        { 0x0f, 0x0f, 0x0f, 0x0f }
263:        } ;
264:
```

```
265: grau_fuellen(output, grau_zeile, laenge)
266:     FILE *output ;
267:     char *grau_zeile ;
268:     int laenge ;
269:     {
270:         int i, j ;        /* Zeilen- und Spaltenindex */
271:         int bits ;
272:         int zi ;          /* zeilenindex */
273:         unsigned char grau ;
274:         unsigned long int muster ;
275:         static unsigned char zeile[(MAX_BREITE+7) / 8] ;
276:
277:         for (j=0 ; j < GRAU_KANTE ; j++) {
278:             muster = 0 ;
279:             for (zi=bits=i=0 ; i < laenge ; i++) {
280:                 grau = graumuster[grau_zeile[i]][j] ;
281:                 muster = (muster << GRAU_KANTE) | grau ;
282:                 bits += GRAU_KANTE ;
283:                 if (bits >= 8) {
284:                     zeile[zi++] = (muster >> (bits - 8)) & 0xff ;
285:                     bits -= 8 ;
286:                 }
287:             }
288:             if (bits != 0)
289:                 zeile[zi++] = (muster << (8 - bits)) & 0xff ;
290:             pcl_bildzeile(output, zeile, zi) ;
291:         }
292:     }
293:
294: pcl_init(output, hoehe, breite)
295:     FILE *output ;
296:     int hoehe, breite ;
297:     {
298:         double dezipt ;
299: #       define RAHMENBREITE 50      /* dezipoint */
300:
301:         dezipt = 720. / 300. ;                  /* Pixel -> Dezipoint */
302:
303:         /* fprintf(output, "\033E") ;          |* Reset! */
304:
305:         /* Einen Rahmen um das Bild ziehen.
306:            Dies geschieht durch die Ausgabe eines schwarzen Quadrates
307:            das etwas groesser ist als das Bild und die Ausgabe des
308:            Bildes in opaque.
309:         */
310:         fprintf(output, "\033&a%gh%gV",        /* Cursor-Position Rahmen */
311:             ((double)(MAX_BREITE - breite) / 2.) * dezipt - RAHMENBREITE,
312:             ((double)(MAX_HOEHE - hoehe) / 2.) * dezipt - RAHMENBREITE) ;
313:         fprintf(output, "\033*c%gh%gv0P",      /* Rahmengroesse und fuellen */
314:             ((double)breite) * dezipt + RAHMENBREITE*2,
315:             ((double)hoehe ) * dezipt + RAHMENBREITE*2) ;
316:         fprintf(output, "\033*v1n10") ;         /* Alles opaque */
317:
318:         /* Und nun die Initialisierung fuer das Bild */
319:         fprintf(output, "\033&a%gh%gV",        /* Cursor-Position Bild */
```

```
320:                          ((double)(MAX_BREITE - breite) / 2.) * dezipt,
321:                          ((double)(MAX_HOEHE - hoehe) / 2.) * dezipt) ;
322:
323:          fprintf(output, "\033*t300R") ;       /* 300 dpi */
324:          /* standard orientation, Bildgroesse und Bildstart */
325:          fprintf(output, "\033*r0f%ds%dt1A", breite, hoehe) ;
326: #ifdef TIFF
327:          fprintf(output, "\033*b2M") ;
328: #else
329:          fprintf(output, "\033*b0M") ;
330: #endif
331:          }
332:
333: pcl_bildende(output)
334:     FILE *output ;
335:     {
336:          fprintf(output, "\033*rB") ;                    /* Ende! */
337:          fprintf(output, "\014") ;                       /* Form Feed */
338:          }
339:
340: pcl_bildzeile(output, zeile, laenge)
341:     FILE *output ;
342:     unsigned char *zeile ;
343:     int laenge ;
344:     {
345:          unsigned char *q, *z, *pt ;
346:          int zaehler, i ;
347:          static unsigned char tmp_zeile[(MAX_BREITE+7) / 8] ;
348:
349: #ifdef TIFF
350:          /* Wir versuchen uns erst einmal nur in der TIFF-Komprimierung */
351:          q = zeile ;
352:          pt = z = tmp_zeile ;
353:          for (i=0 ; i < laenge ; ) {
354:              if (q[0] != q[1]) {      /* ungleich! */
355:                  pt++ ;               /* ueber den Zaehler springen */
356:                  zaehler = 0 ;
357:                  while (q[0] != q[1] && zaehler < 128 && i < laenge) {
358:                      i++ ;
359:                      zaehler++ ;
360:                      *pt++ = *q++ ;
361:                      }
362:                  *z = zaehler - 1 ;
363:                  z = pt ;
364:                  }
365:              else {        /* gleich */
366:                  pt++ ;                   /* ueber den Zaehler springen */
367:                  *pt++ = *q ;             /* Wert zuweisen */
368:                  zaehler = 0 ;
369:                  do {
370:                      i++ ;
371:                      zaehler++ ;
372:                      q++ ;
373:                      } while (q[0] == q[1] && zaehler < 127 && i < laenge) ;
374:                  /* Den letzten gleichen kopieren */
```

```
375:                 i++ ;
376:                 zaehler++ ;
377:                 q++ ;
378:                 *(char *)z = 1 - zaehler ;
379:                 z = pt ;
380:                 }
381:            }
382:        laenge = z - tmp_zeile ;
383:        zeile = tmp_zeile ;
384: #endif      /* TIFF */
385:        fprintf(output, "\033*b%dW", laenge) ;
386:        fwrite(zeile, 1, laenge, output) ;
387:        }
```

Das Programm für die *grauen* Mandelbrot-Figuren heißt »mandel2.c«.
Die Abbildungen 11.5 und 11.6 sind mit den folgenden Aufrufen
erzeugt worden:

```
11.5:   mandel2 -s 1410 1410 -o m1
11.6:   mandel2 -s 1410 1410 -r -1.0444 -1.0333 -B 15
             -i 0.342 0.3531 -I 130 -e 200 -o m4
```

Die beiden Programme »mandel« und »mandel2« fordern natürlich zu
eigenen Experimenten heraus. Schon das leichte Verändern der
Parameter führt zu neuen faszinierenden Bildern.

Wenn Sie solche Experimente starten, sollten Sie einen leistungsfähigen
Rechner verwenden, um die Rechenzeiten in Grenzen zu halten. Auch
ein Arithmetik-Prozessor kann die Rechenzeit erheblich verkürzen. Die
Programme »mandel.exe« und »mandel2.exe« auf der Diskette sind mit
einer Floating-Point-Emulation übersetzt worden. Wenn Sie einen
vorhandenen Arithmetik-Prozessor nutzen wollen, müssen Sie die
Programme nochmals übersetzen.

Bei Vorstößen in neue Bereiche der Mandelbrot-Figur ist ein
Testausdruck mit geringer Größe und Iterationstiefe hilfreich, denn nicht
überall gibt es schöne Ausblicke.

12 HP-GL/2 in PCL 5

Der größte Vorteil von PCL 5 besteht darin, daß hier die textorientierte Druckersprache PCL mit der graphischen Sprache HP-GL/2 (Hewlett-Packard - Graphics Language / Revision 2; kurz HPGL) verknüpft wurde. Da diese beiden Sprachen sehr unterschiedlich sind, bilden sie keine gemeinsame Sprache. Zwischen den beiden Sprachen kann durch spezielle Befehle hin- und hergeschaltet werden, wobei PCL der steuernde Teil ist.

Bevor Sie den Drucker mit HPGL-Programmen beauftragen, sollten Sie den Drucker in den Mode »Komplex=A4« schalten, da sonst der Drucker schon bei recht einfachen Graphiken mit einer Fehlermeldung abbricht.

In diesem Buch werde ich die Anwendung von HPGL im Zusammenhang mit PCL behandeln, aber keine vollständige Darstellung des Themas HPGL bieten. Insbesondere werde ich überflüssige Befehle vermeiden, die nur zur Vereinfachung der Eingabe und damit häufig zur Verminderung der erforderlichen Daten führen. Ein typisches Beispiel ist der Befehl zur Erzeugung von Rechtecken, der auch durch elementare Linienbefehle ersetzt werden kann.

Um die Integration von Graphiken in einen Text zu erleichtern, gibt es innerhalb von PCL einige Befehl zur Positionierung importierter Graphiken. Daneben eröffnen sich durch die Verwendung gemeinsamer Resourcen eine Vielzahl von Gestaltungsmöglichkeiten wie beispielsweise gedrehte Fonts.

Das Verfahren zur Integration einer HPGL-Graphik ist recht einfach. Zuerst wird mit ein paar Befehlen der Bereich definiert, in dem die HPGL-Graphik sichtbar sein soll und anschließend in den HPGL-Mode umgeschaltet.

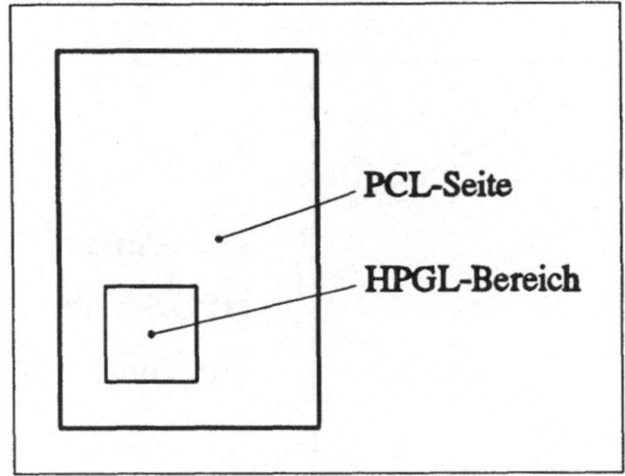

Abbildung 12.1: Beispiel eines HPGL-Bereiches

Bevor wir auf die Einzelheiten der Integration von HPGL eingehen, sollen erst einmal einige Grundlagen von HPGL erläutert werden. Wie bereits erwähnt stehen die Buchstaben »GL« für »Graphics Language«, was »graphische Sprache« bedeutet. Während in PCL der Text der Normalfall und der Befehl der Ausnahmefall ist, sind die Verhältnisse in HPGL genau umgekehrt; der Befehl ist der Normalfall und der Text der Sonderfall. Aus diesem Grund werden in HPGL die Befehle nicht durch ein *Escape* oder ähnliches eingeleitet, sondern einfach als Text eingegeben. Als Beispiel einiger HPGL-Befehle soll die folgende Zeile dienen:

```
IN ; SP 1 ; PA 100,200 ; PD ;
```

Das Koordinatensystem von HPGL ist grundverschieden von dem Koordinatensystem von PCL. Der Ursprung liegt in der unteren linken Ecke (siehe Abbildung 12.2) und die Einheit zum Positionieren basiert auf Millimeter. Außerdem können die Einheit und das Koordinatensystem durch spezielle Befehle variiert werden.

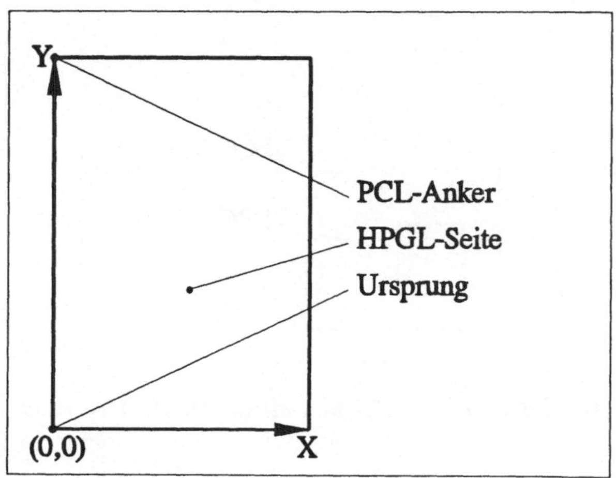

Abbildung 12.2: HPGL-Koordinatensystem

12.1 Integration von HPGL-Graphiken

Die Integration von HPGL-Graphiken vollzieht sich in sechs beziehungs-
weise sieben Schritten, abhängig davon, ob ein Scalierungsbefehl in der
Graphik enthalten ist. Die Schritte sind im einzelnen:

1. Definition der Größe des HPGL-Bereiches mit den Befehlen
    »**ESC***c#X« für dessen Breite und »**ESC***c#Y« für dessen Höhe. Die
    beiden Argumente werden in Dezipoint erwartet. Ein Bereich mit
    einer Breite von 2000 Dezipoint und einer Höhe von 3000 Dezi-
    point erfordert also den Befehl »**ESC***c2000x3000Y«.

P C L	Breite des HPGL-Bereiches festlegen **ESC** * *c dezipoint X*	P C L

P C L	Höhe des HPGL-Bereiches festlegen **ESC** * *c dezipoint Y*	P C L

2. Im zweiten Schritt wird der Cursor auf den Punkt gesetzt, auf dem
    der linke obere Eckpunkt des HPGL-Bereichs zu liegen kommen
    soll. Dieser Punkt wird als Ankerpunkt bezeichnet (siehe Abb.
    12.2). Wenn beispielsweise der HPGL-Bereich vom linken PCL-
    Bereich 300 Dezipoint und vom oberen Rand 400 Dezipoint
    entfernt sein soll, erreicht man dies durch den Befehl
    »ESC&a400v300H« (siehe Seite 28).

3. Nachdem im Punkt 2 der Cursor auf den Ankerpunkt gesetzt
    wurde, muß der Ankerpunkt noch aktiviert werden. Das geschieht
    mit dem Befehl »ESC*c0T«. Ohne diesen Befehl liegt der Anker-
    punkt auf der linken oberen Ecke des Blattes.

P C L	Ankerpunkt setzen ESC * c 0 T	P C L

4. Dieser Schritt ist nur notwendig, wenn in der HPGL-Graphik
    keine Scalierung verwendet wurde, die Größe der Graphik aber
    dem HPGL-Bereich angepaßt werden soll. In diesem Fall kann die
    Graphik durch die Befehle »ESC*c#K« und »ESC*c#L« in hori-
    zontaler und vertikaler Richtung an die Größe des HPGL-
    Bereiches angepaßt werden; es erfolgt also eine automatische
    Scalierung. Das Argument des Befehls »ESC*c#K« gibt die Breite
    der Original-Graphik und das Argument des Befehls »ESC*c#L«
    deren Höhe in Inches an (1 Inch = 25,5 Millimeter). Soll
    beispielsweise eine Graphik importiert werden, deren Breite 3,5
    Inches und deren Höhe 2,5 Inches beträgt, wird durch den Befehl
    »ESC*c3.5k2.5L« erreicht, daß die Graphik exakt in den
    vorgegeben HPGL-Bereich paßt.

P C L	Originalbreite der Graphik bekanntgeben ESC * c inches K	P C L

<table>
<tr><td>P
C
L</td><td>Originalhöhe der Graphik bekanntgeben

ESC * c inches L</td><td>P
C
L</td></tr>
</table>

5. Mit dem Befehl »ESC%#B« wird in den HPGL-Mode
    umgeschaltet. Das Argument gibt an, ob die zuletzt angewählte
    HPGL-Position wieder angefahren werden soll (»ESC%0B«) oder
    ob die aktuelle Cursorposition von PCL als Startpunkt für HPGL
    genommen werden soll (»ESC%1B«).

<table>
<tr><td>P
C
L</td><td>Zu HPGL wechseln

ESC % position B</td><td>P
C
L</td></tr>
</table>

6. An dieser Stelle werden die HPGL-Befehle erwartet.

7. Am Ende der HPGL-Graphik wird durch die Sequenz »ESC%#A«
    in den PCL-Mode zurückgeschaltet. Das Argument gibt wiederum
    an, ob der Cursor auf die zuletzt verwendete PCL-Position gesetzt
    wird (»ESC%0A«) oder ob die in HPGL zuletzt erreichte Position
    verwendet werden soll (»ESC%1A«). Damit dieser Befehl richtig
    erkannt wird, muß der letzte HPGL-Befehl mit einem Semikolon
    (»;«) beendet werden!

<table>
<tr><td>P
C
L</td><td>Zu PCL zurückkehren

ESC % position A</td><td>P
C
L</td></tr>
</table>

12.2 Erste Schritte in HPGL

Nachdem wir nun wissen, wie wir den Drucker zum einem HPGL-Plotter umschalten können, sollen nun die Befehle von HPGL behandelt werden. Bei dieser Gelegenheit werden wir zuerst die Syntax der Befehle behandeln.

Alle Befehle bestehen aus einem zwei Buchstaben umfassenden Befehlskürzel, optional einem oder mehreren Argumenten und einer Befehlsende-Kennung. Das Befehlskürzel kann groß oder klein geschrieben werden. Als Befehlsende dient entweder ein Semikolon oder der erste Buchstabe des nächsten Kommandos. Die Trennung von mehreren Argumenten erfolgt durch ein Komma oder ein Leerzeichen. Zwischen den einzelnen Befehlsteilen können Leerzeichen stehen, um die Lesbarkeit zu erleichtern.

Als Beispiele sollen hier die Befehle »PU« und »PA« dienen, wobei letzterer die Argumente »100« und »250« bekommen soll. Folgende Schreibweisen sind möglich:

```
1. PU ;
   PA 100,250 ;

2. PU ; PA 100,250 ;

3. pu;pa100,250;

4. PUpa100,250
```

Während im ersten Beispiel die Befehle noch lesbar sind, bilden sie im vierten Fall eine kaum noch zu differenzierende Einheit. Andererseits werden im letzten Beispiel aber am wenigsten Zeichen zur Beschreibung der Befehle benötigt, was sich natürlich bei der Übertragung der Zeichen an den Drucker in der gegenüber dem ersten Beispiel fast doppelt so hohen Geschwindigkeit auswirkt.

Bei der Beschreibung der Kommandos werden wir die folgende Syntax anwenden:

<table>
<tr><td>H
P
G
L</td><td>HPGL-Syntax

     XY arg1,arg2[,arg3,arg4] ;</td><td>H
P
G
L</td></tr>
</table>

XY   Hier steht das Kürzel für den Befehl.

arg1   Mit »arg1« ist das erste Argument gemeint, mit »arg2« das zweite etc.

[arg3]   Sind Argumente in der Syntaxbeschreibung optional, also nicht zwingend notwendig, werden sie von einer eckigen Klammer begrenzt.

Als erster Befehl soll hier der Initialisierungs-Befehl »IN« behandelt werden, der den HPGL-Anteil des Druckers in die Grundstellung bringt.

<table>
<tr><td>H
P
G
L</td><td>Initialisierung

    IN ;</td><td>H
P
G
L</td></tr>
</table>

12.3 Einheiten und Scalierung

Die Positionierung innerhalb von HPGL erfolgt in der Grundeinstellung in »Plotter Units« (*engl. Plotter Einheiten*), kurz »plu«. Eine »Plotter Unit« entspricht 0,025 mm.

Daneben gibt es in HPGL noch die Möglichkeit, den zur Verfügung stehenden Bereich in eigene Einheiten zu unterteilen. Diese Möglichkeit wird hier Scalierung genannt und funktioniert, indem man dem Drucker mitteilt, welchen Werten die Ränder in horizontaler und vertikaler Richtung entsprechen.

<table>
<tr><td>H P G L</td><td>Scalierung

SC x_links,x_rechts,y_unten,y_oben</td><td>H P G L</td></tr>
</table>

Der Befehl »SC« hat vier Argumente, die von links nach rechts die X-Werte des linken und des rechten Randes und Y-Werte der unteren und der oberen Kante definieren. Die Zwischenräume werden dann linear zwischen den Grenzwerten adressiert. Am besten wird der Zusammenhang anhand eines Beispiels klar, wie es in der Abbildung 12.3 zu sehen ist. Hier wurde der linke Rand auf den Wert -100 und der rechte Rand auf den Wert 200 gesetzt. Außerdem wurde die obere Kante auf den Wert 400 und die untere Kante auf 0 festgelegt. Daraus ergeben sich für den Punkt P1 die Koordinaten (X=-100,Y=400), für P2 (50,200) und P3 (-100,0). Der Befehl zur Realisierung einer solchen Scalierung ist »SC -100,200,0,400«.

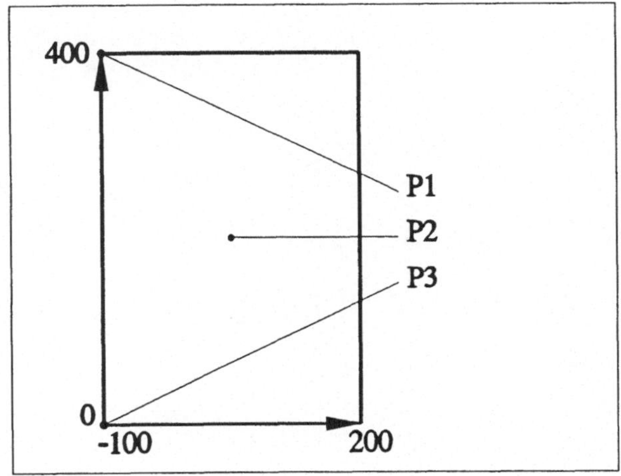

Abbildung 12.3: Beispiel einer Scalierung

Wenn die einer Einheit entsprechende Strecke in X- und in Y-Richtung nicht gleich ist, führt das zu einer Verzerrung des ausgegeben Bildes. Sehr gut kann man das an einem Kreis beobachten, wie er in der Abbildung 12.4 zu sehen ist. Der quadratisch definierte HPGL-Bereich wird einmal mit einer in X- und in Y-Richtung gleicher Scalierung und dann zweimal mit unterschiedlicher Scalierung ausgegeben.

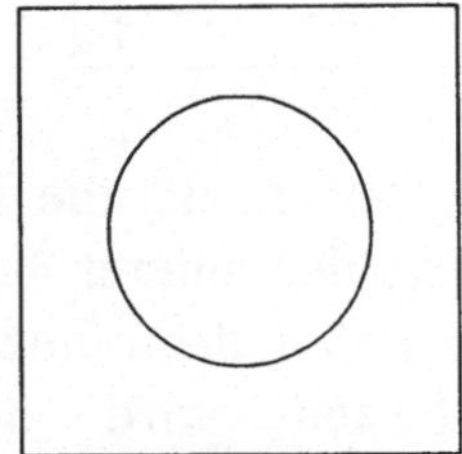 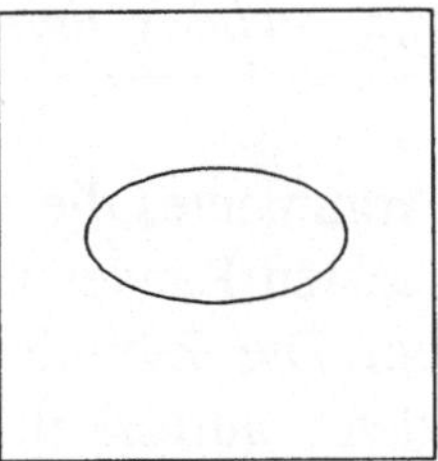 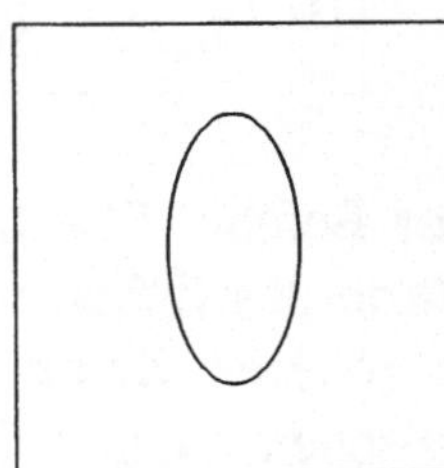

Abbildung 12.4: Beispiele verschiedener Scalierungen

Die in der Abbildung 12.4 verwendeten Scalierungsbefehle lauten von links nach rechts wie folgt:

```
sc    0,100,   0,100 ;
sc    0,100,-50,150 ;
sc  -50,150,   0,100 ;
```

13 Linien

Da die Sprache HPGL als Steuerungssprache für einen Plotter entstand, werden die Graphiken auch auf dem Laserdrucker in einer dem Plotter entsprechenden Art erzeugt. Die Zeichnungen werden mit einem virtuellen Zeichenstift (*engl. pen*) erzeugt. Im Gegensatz zu einem echten Plotter kann der verwendete Stift in der Zeichenbreite variiert werden, dafür gibt es aber keine »Buntstifte«.

Wie bei einem Plotter muß nach der Initialisierung zuerst ein Stift gegriffen werden, damit etwas gezeichnet werden kann. Das geschieht mit dem Befehl »sp«, dem als Argument die Nummer des Stiftes mitgegeben wird. Da auf unserem Gerät nur die *Farben* Schwarz und Weiß zur Verfügung stehen, werden auch nur die Stifte Nummer 0 für Weiß und Nummer 1 für Schwarz verwendet.

H P G L	Stift greifen *SP Stiftnummer*	H P G L

Der weiße Stift zeigt in der Grundeinstellung keinerlei Wirkung, da hier der Transparentmode aktiv ist. Die Wirkung des Transparentmodes ist vergleichbar mit dem PCL-Transparentmode, den wir auf Seite 68 behandelt haben.

H P G L	Transparentmode wählen *TR mode ;*	H P G L

Wenn der Befehl »TR« mit dem Argument »0« aufgerufen wird, ist der Transparentmode ausgeschaltet. Der weiße Anteil der folgenden Zeichenbefehle überschreibt die schwarzen Objekte auf dem Papier. Um den Transparentmode wieder zu aktivieren, muß der Befehl »TR« mit dem Argument »1« aufgerufen werden. Das führt dazu, daß nur noch die schwarzen Anteile beim Zeichen aktiv sind. Die weißen Anteile sind transparent. Der letzte Zustand ist auch die Grundeinstellung nach der Initialisierung.

Die Zeichnungen werden nun im Wesentlichen durch das Bewegen des Stiftes erzeugt. Einfache Linien können erzeugt werden, indem man den Stift an die Startposition der Linie bewegt, den Stift absenkt und nun eine Bewegung zum Endpunkt der Linie vollführt. Das Absenken des Stiftes geschieht mit dem Befehl »PD« (*pen down*). Alle Bewegungen führen nun zu Linien auf dem Papier, bis der Stift mit dem Befehl PU (*pen up*) wieder angehoben wird.

<table>
<tr><td>H P G L</td><td>Stift auf das Papier absenken

PD ;</td><td>H P G L</td></tr>
</table>

<table>
<tr><td>H P G L</td><td>Stift vom Papier nehmen

PU ;</td><td>H P G L</td></tr>
</table>

13.1 Absolute Positionierung des Stiftes

Bewegungen werden mit dem Befehl »PA« ausgeführt, der als Argumente ein oder mehrere Koordinatenpaare erwartet. Durch diesen Befehl wird dann der Drucker nacheinander alle Koordinaten anfahren, die hinter dem Befehl stehen. Die Endposition ist die letzte der angegebenen Positionen.

<table>
<tr><td>H P G L</td><td>Stift absolut bewegen

PA x,y [,x1,y1, ..] ;</td><td>H P G L</td></tr>
</table>

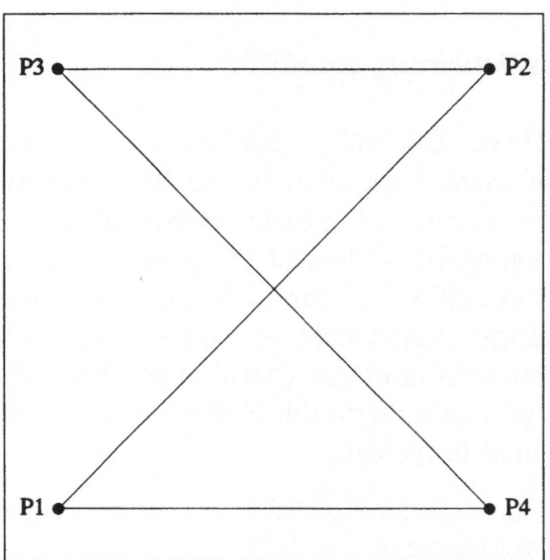

Abbildung 13.1: Linien ziehen mit »PA«

Die Linien in der Abbildung 13.1 können durch die folgenden Befehle
im »wspcl«-Format erzeugt werden:

```
(-ESC [*c1984x1984Y] -)(-K 1984 entsprechen 70 mm
(-ESC [&a720h1440V]  -)(-K Cursor auf X= 1 Inch, Y= 2 Inch
(-ESC [*c0T]
(-ESC [%1B]     -)(-K HPGL-Mode betreten
in ;               (-K Reset
sp 1 ;             (-K Stift 1 = Schwarz
sc 0,100,0,100 ;   (-K 70 mm entsprechen 100 Einheiten
pa 10,10 ;         (-K Zu Position x=10,y=10
pd ;               (-K Stift absenken
pa 90,90, 10,90, 90,10, 10,10 ;
                   (-K Nacheinander die Positionen
                   (-K X=90,Y=90, X=10,Y=90, etc.
                   (-K anfahren und dabei Linien ziehen
pu ;               (-K Stift wieder anheben
(-ESC [%1A]     -)(-K HPGL-Mode verlassen
```

Die Kommentierung in dem letzten Beispiel wird erst durch das
Programm »wspcl« möglich, das die Kommentare herausnimmt, bevor
der Text zum Drucker übertragen wird.

13.2 Relative Positionierung des Stiftes

Der Stift von HPGL läßt sich auch relativ zur aktuellen Position
bewegen. Das Ziel wird dann nicht in absoluten Koordinaten, sondern
als Entfernung vom momentanen Standort beschrieben. Der Befehl zur
relativen Stiftbewegung ist »PR« und ist genauso wie der Befehl »PA«
aufgebaut. Der Unterschied ist nur, daß die Koordinatenpaare jeweils
relativ zum vorherigen Standpunkt angegeben werden. Das gilt auch,
wenn mehrere Positionen in einem Befehl angegeben werden. In diesem
Fall wird jeder neue Punkt durch die Veränderung der Koordinaten zum
vorhergehenden Punkt festgelegt.

<table>
<tr><td>H
P
G
L</td><td>Stift relativ bewegen

PR dx,dy [,dx1,dy1, ..] ;</td><td>H
P
G
L</td></tr>
</table>

Das Argument »dx,dy« steht für Differenz in X und Differenz in Y-
Richtung (sprich Delta-X,Delta-Y). Die Linien in der Abbildung 13.1
können nun auch durch die folgende Sequenz erzeugt werden:

```
(-ESC [*c1984x1984Y]  -)(-K 1984 entsprechen 70 mm
(-ESC [&a720h1440V]   -)(-K Cursor auf X= 1 Inch, Y= 2 Inch
(-ESC [*c0T]
(-ESC [%1B]       -)(-K HPGL-Mode betreten
in ;              (-K Reset
sp 1 ;            (-K Stift 1 = Schwarz
sc 0,100,0,100 ;  (-K 70 mm entsprechen 100 Einheiten
pa 10,10 ;        (-K Zu Position x=10,y=10
pd ;              (-K Stift absenken
pr 80, 80,        (-K von (10,10) zu (90,90)
   -80,  0,       (-K von (90,90) zu (10,90)
    80,-80,       (-K von (10,90) zu (90,10)
   -80, 0 ;       (-K von (90,10) zu (10,10)
pu ;              (-K Stift wieder anheben
(-ESC [%1A]       -)(-K HPGL-Mode verlassen
```

13.3 Einstellung der Strichstärke

Die einfachste Variation des Stiftes ist die Einstellung der Strichstärke. Der Befehl hierzu lautet »PW« mit der Strichstärke als Argument. Als zweites Argument wird die Stiftnummer angegeben.

H P G L	Strichstärke einstellen *PW stärke,stift ;*	H P G L

Die Strichstärke kann auf zwei Arten eingestellt werden, nämlich in Millimeter oder als relativer Wert abhängig von der Distanz der Eckpunkte des HPGL-Bereiches. Der relative Wert wird in Prozent dieser Distanz angegeben, wobei die Gesamtdistanz 100% entspricht (siehe Abbildung 13.2). Die Distanz errechnet sich aus der Wurzel aus der Summe der Quadrate der Höhe und der Breite des HPGL-Bereiches. Ist die Höhe des HPGL-Bereiches 30 mm und die Breite 40 mm, so sind die entsprechenden quadrierten Werte 900 und 1600. Die Summe der beiden ist 2500 und daraus die Wurzel gezogen ergibt wiederum 50. Die Länge der Diagonalen ist also 50 mm.

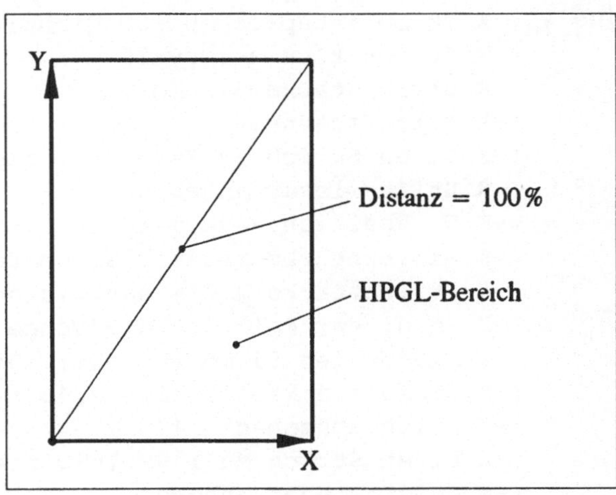

Abbildung 13.2: Basis für relative Werte

Die Entscheidung, ob die Strichstärke relativ oder absolut sein soll, wird
mit dem Befehl »WU« getroffen. Ist das dazugehörige Argument die
Zahl 0, werden Strichstärken absolut interpretiert. Das ist auch die
Einstellung nach der Initialisierung. Eine relative Auswertung der
Strichstärke wird durch die Zahl 1 als Argument eingeschaltet. Der
Vorteil der relativen Strichstärke kommt zum Tragen, wenn die Graphik
in eine Seite integriert wird. In diesem Fall wird dann die Strichstärke
der Vergrößerung bzw. Verkleinerung des HPGL-Bereichs automatisch
angepaßt.

H P G L	Absolute oder relative Strichstärke *WU zahl ;*	H P G L

```
Beispiel:
(-ESC [*c1984x1984Y] -)(-K 1984 entsprechen 70 mm
(-ESC [&a720h1440V]  -)(-K Cursor auf X= 1 Inch, Y= 2 Inch
(-ESC [*c0T]
(-ESC [%1B] -)     (-K HPGL-Mode betreten
in ;               (-K Reset
sp 1 ;             (-K Stift 1 = Schwarz
sc 0,100,0,100 ;   (-K 70 mm entsprechen 100 Einheiten
pa 10,10 ;         (-K Zu Position x=10,y=10
pw 3.5,1 ;         (-K Strichstärke 3,5 mm
pd ;               (-K Stift absenken
pa 90,90 ;         (-K Einen Strich zu X=90,Y=90 ziehen
pu ;               (-K Stift wieder anheben
pa 90,10 ;         (-K Zu Position x=90,y=10
wu 1 ;             (-K Strichstärke relativ auswerten
pw 2.5,1 ;         (-K Strichstärke 2,5 % der Diagonalen
                   (-K Im diesem Fall ist die Länge der
                   (-K Diagonalen 99 mm (= 100%). Die
                   (-K Strichstärke ist also 1,48 mm.
pd ;               (-K Stift absenken
pa 90,90 ;         (-K Einen Strich zu X=90,Y=90 ziehen
pu ;               (-K Stift wieder anheben
(-ESC [%1A]     -)(-K HPGL-Mode verlassen
(-K
(-K Und nun dieselbe Graphik etwas kleiner
(-K
```

```
(-ESC [*c850x1134Y]    -)(-K 850=30mm, 1134=40mm
(-ESC [&a3240h1440V]   -)(-K Cursor auf X= 4.5 Inch, Y= 2
Inch
(-ESC [*c0T]
(-ESC [%1B] -)     (-K HPGL-Mode betreten
in ;               (-K Reset
sp 1 ;             (-K Stift 1 = Schwarz
sc 0,100,0,100 ;   (-K 70 mm entsprechen 100 Einheiten
pa 10,10 ;         (-K Zu Position x=10,y=10
pw 3.5,1 ;         (-K Strichstärke 3,5 mm
pd ;               (-K Stift absenken
pa 90,90 ;         (-K Einen Strich zu X=90,Y=90 ziehen
pu ;               (-K Stift wieder anheben
pa 90,10 ;         (-K Zu Position x=90,y=10
wu 1 ;             (-K Strichstärke relativ auswerten
pw 2.5,1 ;         (-K Strichstärke 2,5 % der Diagonalen
                   (-K Im diesem Fall ist die Länge der
                   (-K Diagonalen 99 mm (= 100%). Die
                   (-K Strichstärke ist also 1,48 mm.
pd ;               (-K Stift absenken
pa 90,90 ;         (-K Einen Strich zu X=90,Y=90 ziehen
pu ;               (-K Stift wieder anheben
(-ESC [%1A]     -)(-K HPGL-Mode verlassen
```

Das Ergebnis des obigen Beispiels ist in der Abbildung 13.3 zu sehen.
Beachten Sie bitte, daß die absolut definierte Strichstärke der
Diagonalen in beiden Bildern gleich ist, während der senkrechte Strich
in der kleineren Graphik entsprechend verkleinert wurde.

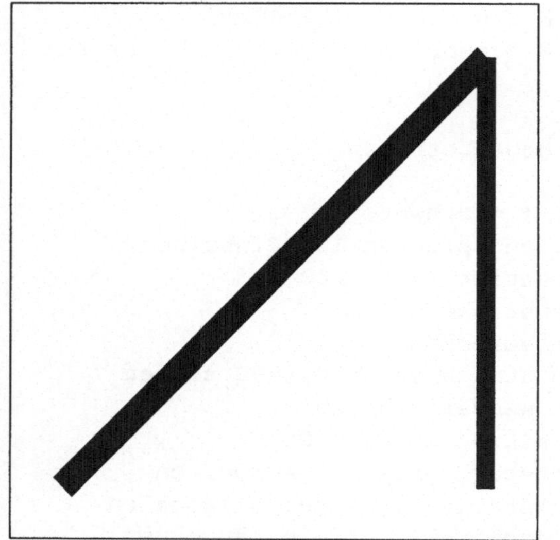
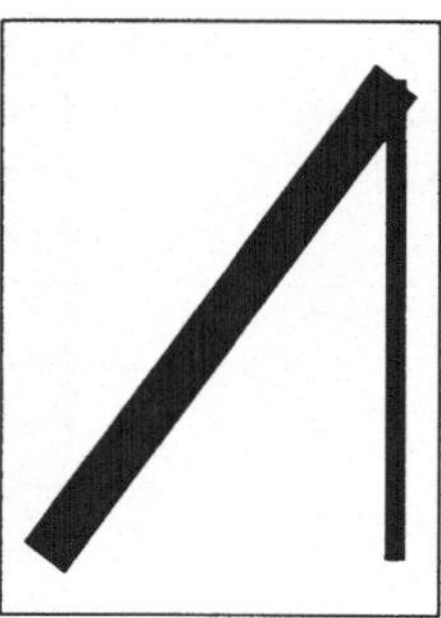

Abbildung 13.3: Absolute und relative Linienstärken

Aufgabe 13.1: *Schreiben Sie bitte ein Programm, das eine karierte Fläche wie in der Abbildung 13.4 erzeugt.*

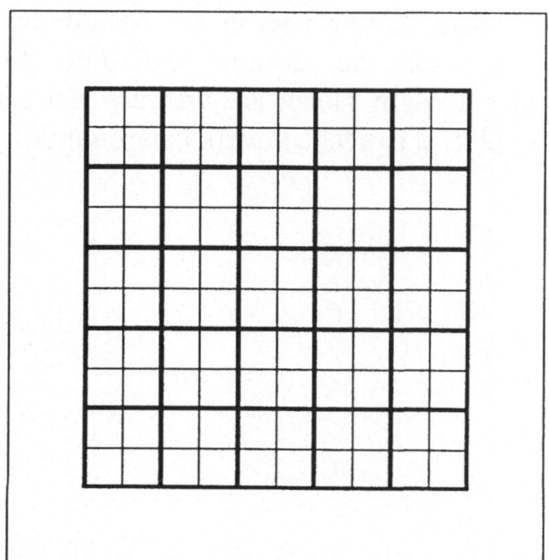

Abbildung 13.4: Kleine karierte Fläche

Aufgabe 13.2: *Eine etwas kompliziertere Aufgabe ist die Erzeugung einer Spirale. Die in der Abbildung 13.5 gezeigte Spirale besteht aus einzelnen, aneinandergesetzten Linienstücken, die jeweils um fünf Grad nach rechts verdreht und um den Faktor 0,99 gekürzt sind. Auch die Linienstärke nimmt um den gleichen Faktor ab.*

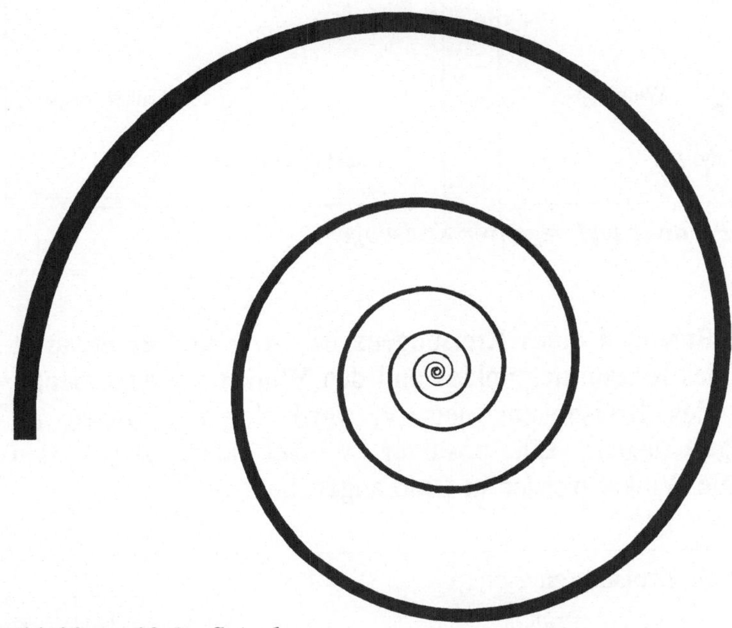

Abbildung 13.5: Spirale

13.4 Kreise und Kreisausschnitte

Um einen Kreisbogen zu ziehen, müssen drei Dinge bekannt sein. Dies sind der Start- und der Endpunkt des Kreisbogens sowie der Mittelpunkt des Kreises. In HPGL ist der Startpunkt die aktuelle Stiftposition. Der Kreismittelpunkt wird als Koordinatenpaar dem Befehl zum Kreisbogenziehen mitgegeben, während der Endpunkt nicht als Punkt, sondern als Winkel angegeben wird (siehe Abbildung 13.6).

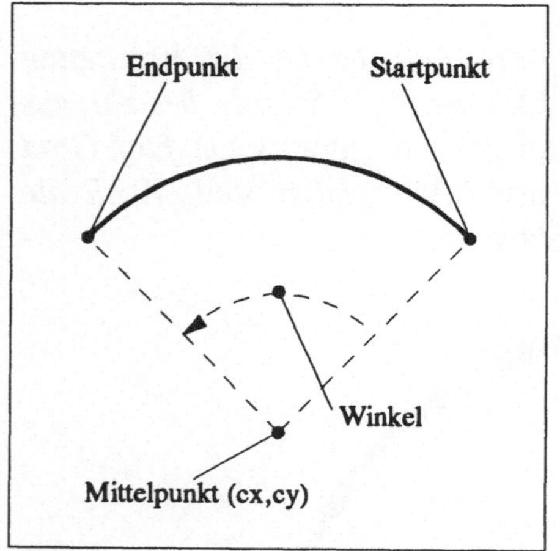

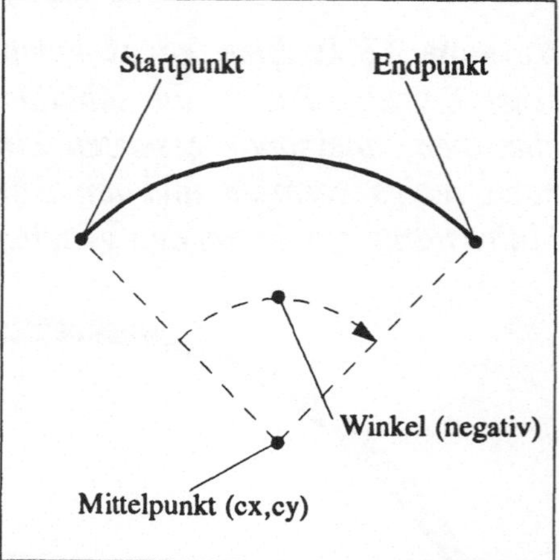

Abbildung 13.6: Positiver und negativer Kreisbogen

Der Befehl zum Erzeugen eines Kreisbogens ist »AA« und er erwartet
die Koordinaten des Kreismittelpunktes und den Winkel als Argumente.
Ist der Winkel des Kreisbogens negativ, wird der Kreisbogen im
Uhrzeigensinn geschlagen. Ein positiver Winkel läuft gegen den
Uhrzeigersinn. Die Winkel werden in Grad angegeben.

H P G L	Absoluten Kreisbogen ziehen *AA cx,cy,Winkel*	H P G L

Wie bei den Bewegungsbefehlen gibt es auch einen relativen Befehl
»AR« zum Kreisziehen, wobei hier der Mittelpunkt des Kreises relativ
zur Stiftposition angegeben wird. Ansonsten ist der Befehl identisch mit
der absoluten Variante »AA«.

H P G L	Relativen Kreisbogen ziehen *AR dx,dy,Winkel*	H P G L

Die Befehle »AA« und »AR« lassen sich natürlich auch einsetzen, um
einen vollständigen Kreis zu ziehen.

```
in ; sp 1 ;          (-K Initialisierung
pa 50,100 ;          (-K Startposition des Kreises
pd ;                 (-K Stift absenken
aa 100,100,360 ;     (-K Kreis um den Punkt X=100,Y=100 mit
                     (-K einem Radius von 50 ziehen.
pu ;                 (-K Stift absenken
pa 250,300 ;         (-K Startposition des Kreises
pd ;                 (-K Stift anheben
ar 50,0,360 ;        (-K Kreis um den Punkt X=300,Y=300 mit
                     (-K einem Radius von 50 ziehen.
pu ;                 (-K Stift anheben
```

13.5 Gestrichelte Linien

Gestrichelte Linien lassen sich durch den Befehl »LT« einstellen, wobei
acht unterschiedliche Strichelungen zur Verfügung stehen. Der Typ ist
eine Zahl und das erste von den drei erforderlichen Argumenten. Das
Aussehen der unter den Zahlen 0 bis 8 adressierbaren Strichelungen
können sie der Abbildung 13.7 entnehmen.

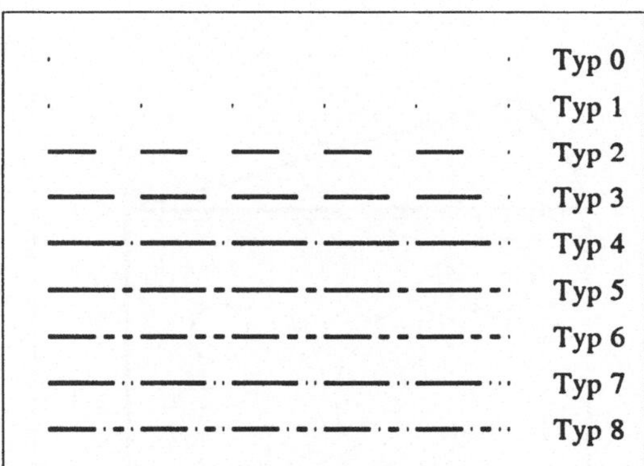

Abbildung 13.7: Strichelungen

Der zweite Parameter definiert die Länge des Musters. Wenn ein
Muster der Länge 10 auf eine Linie der Länge 30 angewendet wird, so
muß das Muster dreimal wiederholt werden. In der Abbildung 13.7
wiederholen sich die Muster jeweils fünfmal. Eine Ausnahme bildet die
Strichelung von Typ »0«, bei der die Endpunkte der Linien mit einem

Punkt versehen werden, der gesamte Zwischenbereich aber frei bleibt.

Ähnlich wie bei der Linienstärke kann die Länge des Musters absolut in Millimetern oder als Prozentsatz der Bereichs-Diagonalen angegeben werden (siehe Seite 129). Die Wahl zwischen diesen beiden Möglichkeiten wird mit dem dritten Argument getroffen. Ist dieses »0« wird die Länge relativ und bei »1« absolut interpretiert.

H P G L	Strichelung einschalten *LT typ,länge,mode*	H P G L

Eine Besonderheit ist der Aufruf des Befehls »LT« ohne Argumente. Dann wird wieder eine ununterbrochene Linie gezeichnet.

Aufgabe 13.3: *Zum Konstruieren der Abbildung 13.8 benötigen Sie alle behandelten Linienelemente.*

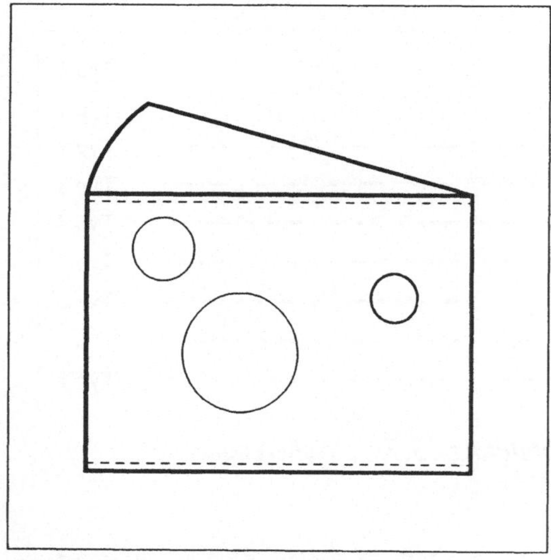

Abbildung 13.8: Ein Stück Käse

14 Der Polygonpuffer

Die Linien, die mit den bereits bekannten Bewegungsbefehlen wie
»PD«, »PA« oder »AA« erzeugt werden können, lassen sich auch als
Pfad zusammenfassen. Die Sammelstelle für die Pfade ist der
Polygonpuffer. Neben den geraden Linien können auch Kreisausschnitte
zum Aufbau des Pfades verwendet werden. Der Kreis wird hierzu vom
Drucker automatisch durch kleine Geradenstücke ersetzt.

Der Pfad in dem Polygonpuffer kann mit einem speziellen Befehl
geschlossen werden und ist somit ein Polygon. Nachdem ein Pfad
geschlossen ist, können weitere Pfade in den Polygonpuffer eingetragen
und zu Polygonen geschlossen werden. Es können sich also gleichzeitig
mehrere Polygone im Puffer befinden, was zu besonderen
Konsequenzen führen kann, auf die wir später noch eingehen werden.

Die Polygone können mit einem Muster gefüllt oder mit einer Linie
umrissen werden. Auch die Kombination der beiden Aktionen ist
möglich (siehe Abbildung 14.1).

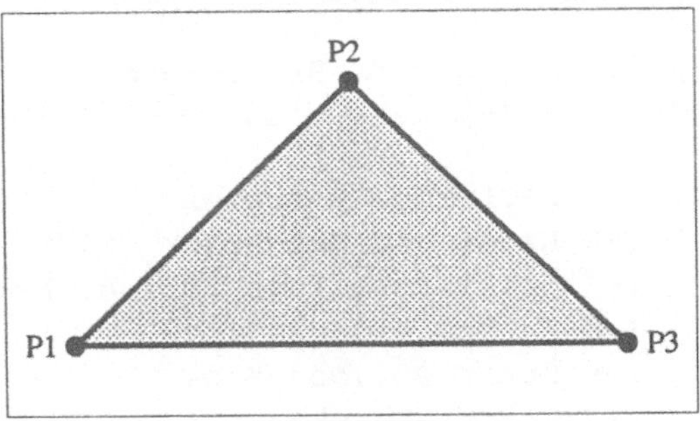

Abbildung 14.1: Gefülltes Polygon

Das Aufsammeln von Linien beginnt mit dem Befehl »PM 0« (*engl.
polygon mode*). Mit diesem Befehl wird der alte Inhalt des Polygonpuffers gelöscht und ein neues Polygon mit der aktuellen Stiftposition
begonnen. Das bedeutet, daß der erste Punkt des Polygons vor dem
Aufruf von »PM 0« angefahren werden muß.

<table>
<tr><td>H
P
G
L</td><td>Polygon Mode

    PM mode ;</td><td>H
P
G
L</td></tr>
</table>

Mit Aktivierung des Polygonpuffers werden alle weiteren Bewegungen, auch das Absenken und Anheben des Stiftes, gespeichert, bis ein neuer *Polygon-Mode*-Befehl eingegeben wird. Hat dieser das Argument »1«, wird der aktuelle Pfad geschlossen und mit dem nächsten Befehl beginnt ein neuer Pfad.

Mit dem Befehl »PM 2« wird das letzte Polygon geschlossen und der Sammelbetrieb eingestellt. Nun kann der Inhalt des Polygonpuffers zum Füllen oder Umranden verwendet werden.

14.1 Umrandung von Objekten

Das Erzeugen der Umrandung erfolgt mit dem Befehl »EP« (*engl. edge polygon*). Es werden nur die Linien gezeichnet, die im Polygonpuffer mit einem abgesenkten Stift erzeugt wurden. Im folgenden Beispiel, das das Dreieck in Abbildung 14.2 erzeugt, wird dieses Verhalten deutlich.

```
(-ESC [*c1984x1134Y] -)(-K 70mm Breit, 40mm Hoch
(-ESC [&a720h1440V]  -)(-K Cursor auf X= 1 Inch, Y= 2 Inch
(-ESC [*c0T]
(-ESC [%1B]       -)(-K HPGL-Mode betreten
in ; sp 1 ;          (-K Reset und Schwarzer Stift
sc 0,70,0,40 ;       (-K Scalierung fuer 70 * 40 Feld
pa 7,7 ;             (-K Zu Position x=7,y=7
pm 0 ;               (-K Start Polygon-Mode
pd ;                 (-K Stift absenken
pa 35,33, 63,7 ; (-K Punkte 2 und 3 anfahren
pu ;                 (-K Stift anheben
pa 7,7 ;             (-K Dreieck schliessen
pm 2 ;               (-K Polygon-Mode verlassen
(-K Markierung 1
pw 0.5 ;             (-K Strichstärke 0,5 mm
ep ;                 (-K Polygon Umreißen
(-K Markierung 2
(-ESC [%1A]       -)(-K HPGL-Mode verlassen
```

<table>
<tr><td>H
P
G
L</td><td>Umrande das Objekt im Polygonpuffer

EP ;</td><td>H
P
G
L</td></tr>
</table>

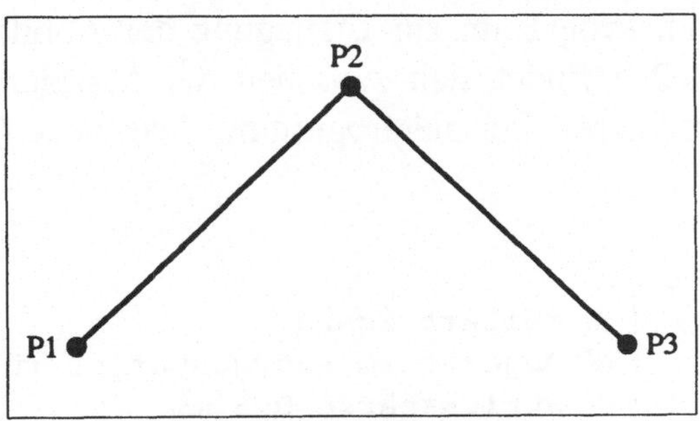

Abbildung 14.2: Kanten eines Polygons

14.2 Füllen von Objekten

Während beim Umranden das Auf und Ab des Stiftes berücksichtigt wird, werden zum Füllen alle Bewegungen zur Begrenzung der zu füllenden Fläche herangezogen. Die Füllung erfolgt mit dem Befehl »FP« (*engl. fill polygon*).

<table>
<tr><td>H
P
G
L</td><td>Fülle das Objekt im Polygonpuffer

FP ;</td><td>H
P
G
L</td></tr>
</table>

Die Füllung kann von unterschiedlichster Art sein. Neben den bekannten Füllungen aus PCL bietet HPGL zusätzlich noch die Möglichkeit Geraden und selbst definierte Muster zum Füllen zu verwenden. Der Befehl zum Einstellen der verschiedenen Füllarten ist »FT« (*engl. fill type*). Um das Aussehen der verschiedenen Füllarten zu zeigen, verwenden wir das Dreieck aus Abbildung 14.2 und füllen es entsprechend.

14.3 Schwarz füllen

In der einfachsten Form wird das Polygon mit der aktuellen Stiftfarbe
(Schwarz) gefüllt. Als Argument wird dann die Zahl »1« eingegeben.
Der Unterschied im Programm zur Erzeugung der Abbildung 14.3 statt
der Abbildung 14.2 befindet sich zwischen der Markierung 1 und der
Markierung 2 im letzten Beispielprogramm. Das neue Teilstück sieht
wie folgt aus:

```
(-K Markierung 1
ft 1 ;              (-K Füllart Schwarz
fp ;                (-K Objekte im Ploygonpuffer füllen
pw 0.5 ;            (-K Strichstärke 0,5 mm
ep ;                (-K Polygon Umreißen
(-K Markierung 2
```

<table>
<tr><td>H
P
G
L</td><td>Schwarz füllen

    FT 1 ;</td><td>H
P
G
L</td></tr>
</table>

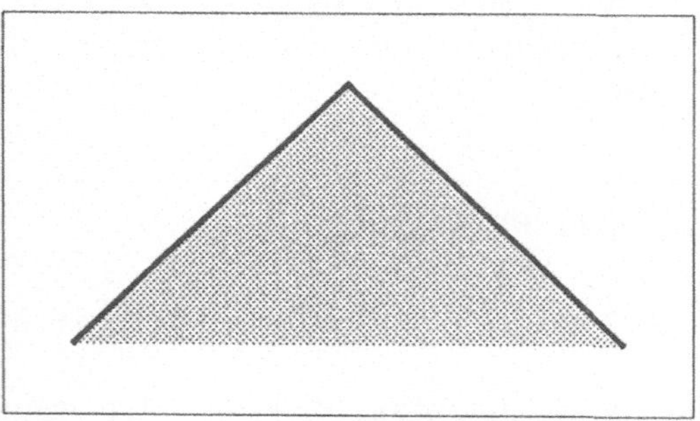

Abbildung 14.3: Befehl »FT 1«

14.4 Grau füllen

Die in PCL zum Füllen von Rechtecken verfügbaren Graumuster
können auch zum Füllen von HPGL-Polygonen herangezogen werden.
Eine graue Fläche wie in PCL erhält man mit dem Fülltyp »10«, wobei
als zweites Argument der Grauwert in Prozent benötigt wird (siehe Seite
70 und Abbildung 14.4).

```
(-K Markierung 1
ft 10,20 ;          (-K Füllart Grau, 20 %
fp ;                (-K Objekte im Ploygonpuffer füllen
pw 0.5 ;            (-K Strichstärke 0,5 mm
ep ;                (-K Polygon Umreißen
ft 1 ;              (-K Zu Schwarz zurückschalten
(-K Markierung 2
```

<table>
<tr><td>H
P
G
L</td><td>Grau füllen

    FT 10,grauwert ;</td><td>H
P
G
L</td></tr>
</table>

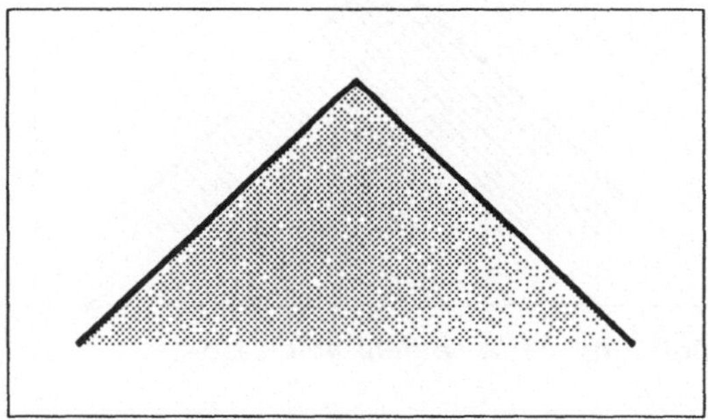

Abbildung 14.4: Befehl »FT 10,20«

14.5 Mit PCL-Schraffur füllen

Ebenfalls aus PCL stammen die Schraffuren, die mit dem Fülltyp »21«
angewählt werden können. Das zweite Argument selektiert das Muster
(siehe Seite 71 und Abbildung 14.5).

```
(-K Markierung 1
ft 21,3 ;          (-K Füllart PCL-Schraffur Nr. 3
fp ;               (-K Objekte im Ploygonpuffer füllen
pw 0.5 ;           (-K Strichstärke 0,5 mm
ep ;               (-K Polygon Umreißen
ft 1 ;             (-K Zu Schwarz zurückschalten
(-K Markierung 2
```

<table>
<tr><td>H
P
G
L</td><td>Mit PCL-Muster füllen

FT 21,muster ;</td><td>H
P
G
L</td></tr>
</table>

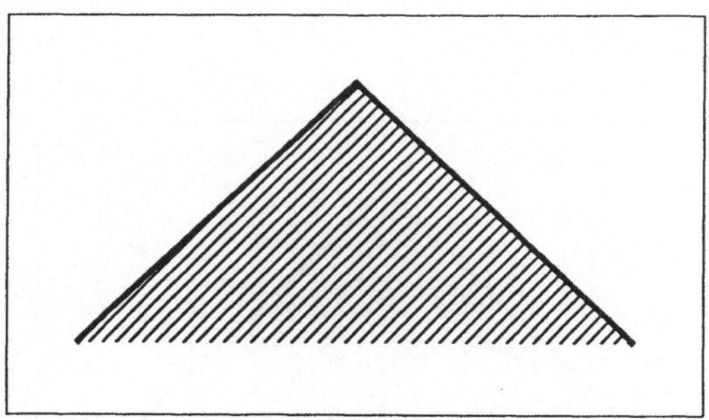

Abbildung 14.5: Befehl »FT 21,3«

14.6 Mit Linien füllen

Das Füllen in plotterspezifischer Art durch parallel verlaufende Linien geschieht mit der Füllart »3«. Als weitere Argumente werden der Abstand zwischen den Linien und der Winkel, um den die Linien aus der Waagrechten nach oben geneigt sind, verlangt.

Das Aussehen der Linien, also die Linienstärke oder die Strichelung, ist identisch mit den HPGL-Linien, deren Erscheinungsbild mit den Befehlen »LW« und »LT« eingestellt wird. Der Abstand der Linien voneinander wird wie die Linienstärke abhängig von dem Befehl »WU« relativ oder absolut in Millimetern interpretiert.

```
(-K Markierung 1
ft 3,5,30 ;         (-K Füllart Linien im Abstand von 5 mm
                    (-K und im Winkel von 30 Grad
fp ;                (-K Objekte im Ploygonpuffer füllen
pw 0.5 ;            (-K Strichstärke 0,5 mm
ep ;                (-K Polygon Umreißen
ft 1 ;              (-K Zu Schwarz zurückschalten
(-K Markierung 2
```

H P G L	Mit HPGL-Linien füllen *FT 3,abstand,winkel ;*	H P G L

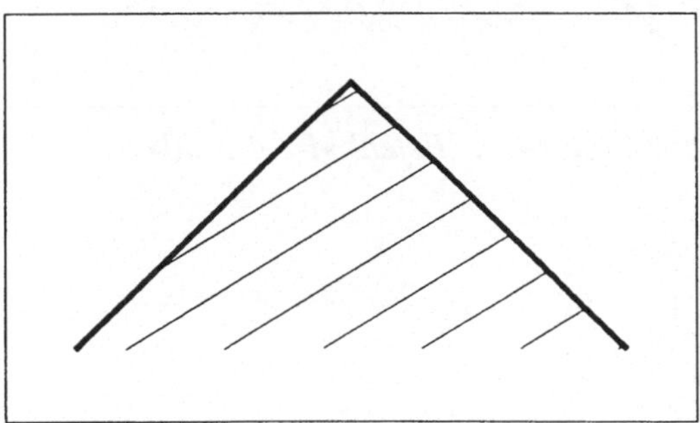

Abbildung 14.6: Befehl »FT 3,5,30«

In der gleichen Art können mit dem Fülltyp »4« auch im rechten Winkel gekreuzte Linien zum Füllen verwendet werden. Das Ergebnis ist dann eine karierte Fläche. Die erforderlichen Argumente sind identisch mit denen des Fülltyps »3«.

```
(-K Markierung 1
ft 4,5,30 ;          (-K Füllart kariert, Linienabstand 5 mm
                     (-K und im Winkel von 30 Grad
fp ;                 (-K Objekte im Ploygonpuffer füllen
pw 0.5 ;             (-K Strichstärke 0,5 mm
ep ;                 (-K Polygon Umreißen
ft 1 ;               (-K Zu Schwarz zurückschalten
(-K Markierung 2
```

H P G L	Mit gekreuzten HPGL-Linien füllen *FT 4,abstand,winkel ;*	H P G L

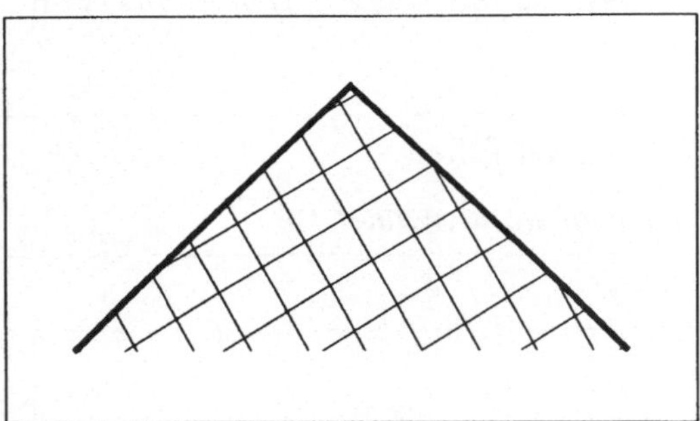

Abbildung 14.7: Befehl »FT 4,5,30«

14.7 Mit eigenen Mustern füllen

Spezielle Effekte lassen sich mit dem benutzerdefinierten Muster erzeugen. Bevor ein solches Muster mit dem Befehl »FT 11« zum Füllen verwendet werden kann, muß es, wie der Name schon sagt, vom Benutzer definiert werden. Hierzu dient der Befehl »RF«, der als Argumente eine Musternummer sowie die Höhe und die Breite des Musters und das Bitmuster selbst bekommt. Es können gleichzeitig acht verschiedene Muster aktiv sein. Die Muster sind von 1 bis 8 fortlaufend nummeriert.

Das Muster selbst ist ein kleines rechteckiges Bild, das zum Füllen eines Polygons vervielfältigt wird. Das Verfahren zum Aneinandersetzen der Muster ist in der Abbildung 14.8 zu erkennen. Das Muster wird nur innerhalb des Polygons gedruckt; außerhalb wird es abgeschnitten.

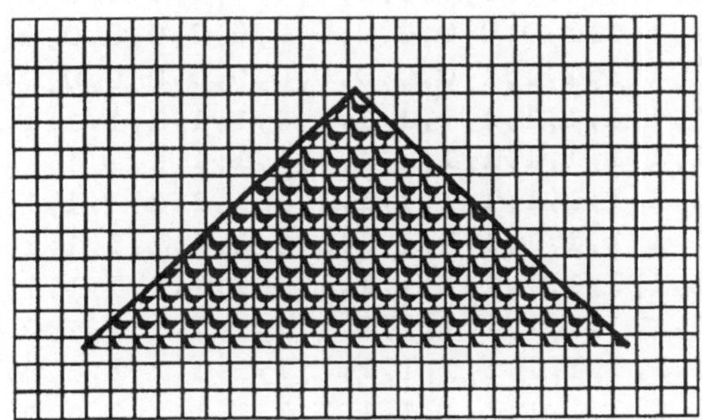

Abbildung 14.8: Befehl »FT 11,1«

Das Bitmuster wird ab dem dritten Argument des Befehls »RF« in binärer Form mit der Zahl 0 für den weißen und 1 für den schwarzen Anteil des Musters erwartet. Die einzelnen Zahlen sind durch Kommta getrennt. Falls weniger Zahlen als erforderlich vorhanden sind, wird der Rest als 0 (Weiß) angenommen.

H P G L	Eigenes Muster definieren *RF nummer,breite,höhe,bit1,bit2,... ;*	H P G L

Um unser Beispieldreieck mit Vögeln zu füllen, muß der Teil zwischen
den Markierungen durch die folgenden Zeilen ersetzt werden:

```
(-K Markierung 1
rf 1,29,32,            (-K Zuerst das Muster unter Nummer 1
                       (-K 32 Bits hoch und 29 Bits breit
0,0,0,0,0,0,0,0,0,0,0,0,0,0,0,0,0,0,0,0,0,0,0,0,0,0,0,0,0,
0,0,0,0,0,0,0,0,0,0,0,0,0,0,0,0,0,0,0,0,0,0,0,0,0,0,0,0,0,
0,0,0,0,1,1,0,0,0,0,0,0,0,0,0,0,0,0,0,0,0,0,0,0,0,0,0,0,0,
0,0,0,1,1,1,1,0,0,0,0,0,0,0,0,0,0,0,0,0,0,0,0,0,0,0,0,0,0,
0,1,1,1,1,1,1,0,0,0,0,0,0,0,0,0,0,0,0,0,0,0,0,0,0,0,0,0,0,
0,0,0,1,1,1,1,0,0,0,0,0,0,0,0,0,0,0,0,0,0,0,0,0,0,0,0,0,0,
0,0,0,1,1,1,1,1,0,0,0,0,0,0,0,0,0,0,0,0,0,0,0,0,0,0,0,0,0,
0,0,0,1,1,1,1,1,0,0,0,0,0,0,0,0,0,0,0,0,0,0,0,0,0,0,0,0,0,
0,0,0,0,1,1,1,1,1,0,0,0,0,0,0,0,0,0,0,0,0,0,0,0,0,0,0,0,0,
0,0,0,0,1,1,1,1,1,0,0,0,0,0,0,0,0,0,0,0,0,0,0,0,0,0,0,0,0,
0,0,0,0,1,1,1,1,1,1,0,0,0,0,0,0,0,0,0,0,0,0,0,0,0,0,0,0,0,
0,0,0,0,1,1,1,1,1,1,1,0,0,0,0,0,0,0,0,0,0,0,0,0,0,0,0,0,0,
0,0,0,0,1,1,1,1,1,1,1,1,1,0,0,0,0,0,0,0,0,0,0,0,0,0,0,0,0,
0,0,0,0,1,1,1,1,1,1,1,1,1,1,1,1,1,1,1,1,1,1,1,1,1,1,1,1,0,
0,0,0,0,1,1,1,1,1,1,1,1,1,1,1,1,1,1,1,1,1,1,1,1,1,1,0,0,
0,0,0,0,1,1,1,1,1,1,1,1,1,1,1,1,1,1,1,1,1,1,1,1,1,0,0,0,
0,0,0,0,1,1,1,1,1,1,1,1,1,1,1,1,1,1,1,1,1,1,1,1,0,0,0,0,
0,0,0,0,1,1,1,1,1,1,1,1,1,1,1,1,1,1,1,1,1,1,1,0,0,0,0,0,
0,0,0,0,1,1,1,1,1,1,1,1,1,1,1,1,1,1,1,1,1,1,0,0,0,0,0,0,
0,0,0,0,0,1,1,1,1,1,1,1,1,1,1,1,1,1,1,1,1,1,0,0,0,0,0,0,0,
0,0,0,0,0,0,1,1,1,1,1,1,1,1,1,1,1,1,1,1,1,0,0,0,0,0,0,0,0,
0,0,0,0,0,0,0,1,1,1,1,1,1,1,1,1,1,1,1,1,0,0,0,0,0,0,0,0,0,
0,0,0,0,0,0,0,0,0,1,1,1,1,1,1,1,1,1,0,0,0,0,0,0,0,0,0,0,0,
0,0,0,0,0,0,0,0,0,0,0,0,0,1,1,0,0,0,0,0,0,0,0,0,0,0,0,0,0,
0,0,0,0,0,0,0,0,0,0,0,0,0,1,1,0,0,0,0,0,0,0,0,0,0,0,0,0,0,
0,0,0,0,0,0,0,0,0,0,0,0,0,1,1,0,0,0,0,0,0,0,0,0,0,0,0,0,0,
0,0,0,0,0,0,0,0,0,0,0,0,0,1,1,0,0,0,0,0,0,0,0,0,0,0,0,0,0,
0,0,0,0,0,0,0,0,0,0,0,0,0,1,1,0,0,0,0,0,0,0,0,0,0,0,0,0,0,
0,0,0,0,0,0,0,0,0,0,0,0,1,1,1,1,0,0,0,0,0,0,0,0,0,0,0,0,0,
0,0,0,0,0,0,0,0,0,0,1,1,1,1,1,1,1,0,0,0,0,0,0,0,0,0,0,0,0;
ft 11,1 ;              (-K Füllart eigenes Muster
fp ;                   (-K Objekte im Ploygonpuffer füllen
pw 0.5 ;               (-K Strichstärke 0,5 mm
ep ;                   (-K Polygon Umreißen
ft 1 ;                 (-K Zu Schwarz zurückschalten
(-K Markierung 2
```

<table>
<tr><td>H
P
G
L</td><td>Mit eigenen Mustern füllen

FT 11,musternummer ;</td><td>H
P
G
L</td></tr>
</table>

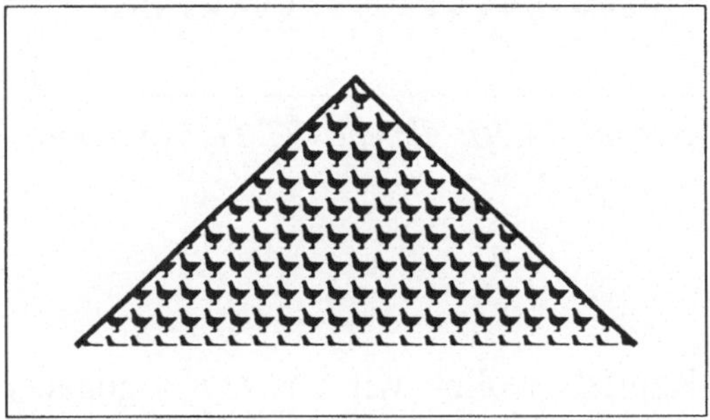

Abbildung 14.9: Befehl »FT 11,1«

In der Abbildung 14.9 sind die Muster in der unteren Reihe leider
abgeschnitten. Die liegt daran, daß das erste Musterfeld in die linke
untere Ecke des HPGL-Bereiches gelegt wird (siehe Abbildung 14.8).
Die Lage der Musterfelder läßt sich aber mit dem Befehl »AC«
verschieben. Als Argument werden die Koordinaten eines Punktes im
HPGL-Bereich erwartet, der mit der linken, unteren Ecke des Musters
in Einklang gebracht wird. Der Befehl »AC« ist in seiner Anwendung
nicht auf benutzerdefinierte Muster beschränkt, sondern er wirkt auf alle
Füllarten. Wir erweitern das letzte Beispiel um eine Zeile, die direkt
nach der ersten Markierung eingefügt wird.

```
(-K Markierung 1
ac 7,7              (-K Neu! Muster in Punkt P1 verankern
rf 1,29,32,         (-K Nun folgt der Rest wie gehabt.....
```

<table>
<tr><td>H
P
G
L</td><td>Muster neu verankern

AC x,y ;</td><td>H
P
G
L</td></tr>
</table>

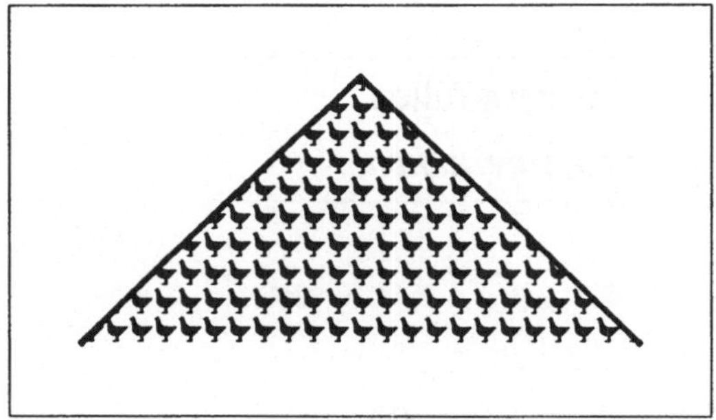

Abbildung 14.10: Befehl »FT 11,1« mit »AC 7,7«

14.8 Füllregeln

Am Ende dieses Kapitels wollen wir uns etwas genauer mit der Frage
beschäftigen, welche Teile eines Objektes, das möglicherweise aus
mehreren einzelnen Polygonen besteht, gefüllt werden. Ein Beispiel für
dieses Problem ist in der Abbildung 14.11 zu sehen. Es besteht aus zwei
Vierecken die auf die folgende Art erzeugt wurden:

```
(-ESC [*c1417x1417Y]  -)(-K 50mm Breit, 50mm Hoch
(-ESC [&a720h1440V]   -)(-K Cursor auf X= 1 Inch, Y= 2 Inch
(-ESC [*c0T]
(-ESC [%1B]      -)(-K HPGL-Mode betreten
in ; sp 1 ;          (-K Reset und schwarzer Stift
sc 0,50,0,50 ;       (-K Scalierung fuer 50 * 50 Feld
pa 10,10 ;           (-K Zu Position x=10,y=10
pm 0 ;               (-K Start Polygon-Mode
pd ;                 (-K Stift absenken
pr 30,0, 0,30,       (-K Viereck, zur Abwechslung einmal
   -30,0, 0,-30 ;    (-K mit relativen Koordinaten
pu ;                 (-K Stift anheben
pm 1 ;               (-K Erstes Polygon schließen
pa 20,20 ;           (-K Startpunkt zweites Polygon
pd ;                 (-K Stift absenken
pr 10,0, 0,10, 10,0, 0,-10 ; (-K Zweites Viereck
pm 2 ;               (-K Polygon-Mode verlassen
pw 0.5 ;             (-K Strichstärke 0,5 mm
ep ;                 (-K Polygon Umreißen
(-ESC [%1A]      -)(-K HPGL-Mode verlassen
```

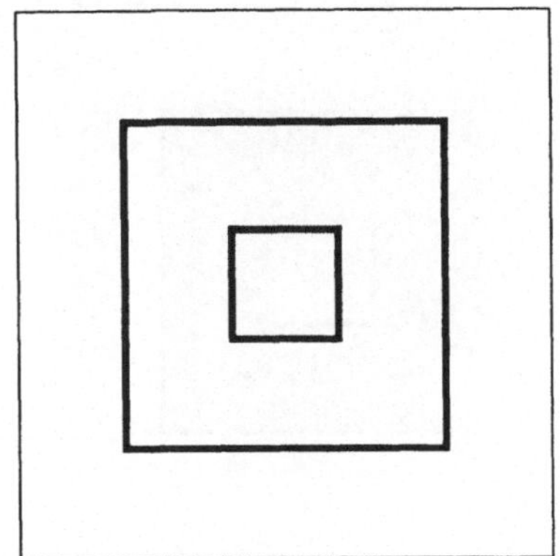

Abbildung 14.11: Objekt aus zwei Polygonen

Um festzustellen, welche Bereiche des Polygons gefüllt werden, wird durch die interessanten Bereich eine Gerade gezogen (natürlich nur in Gedanken). Dann wird ein Zähler mit 0 vorbesetzt und die Gerade vom einem Ende zum anderen untersucht. Bei jeder überschrittenen Kante des Objektes wird der Zähler um eins erhöht (siehe Abbildung 14.12). Nachdem mit diesem Verfahren alle Bereiche des Objektes untersucht worden sind, werden alle Bereiche gefüllt, in denen der Zähler einen ungeraden Wert hat (siehe Abbildung 14.13). Der Name des Verfahrens ist »Even-Odd-Rule«, also »Gerade-Ungerade-Regel«.

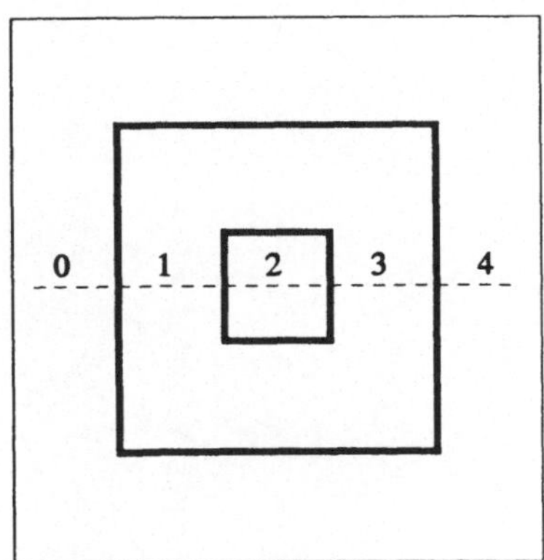

Abbildung 14.12: Anwendung der »Even-Odd-Rule«

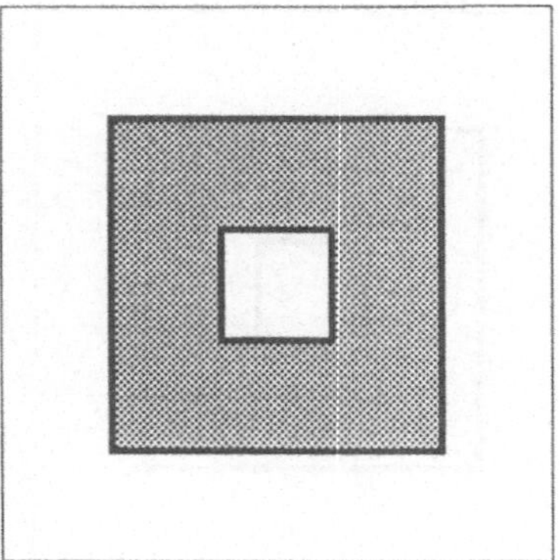

Abbildung 14.13: Objekt mit »FT 10,50« gefüllt

15 Programmbeispiel Graukeil

Aus historischen Gründen gibt es in PCL und damit auch in HPGL unter PCL die Beschränkung auf acht Graustufen (siehe Abbildung 15.1). Eigentlich lassen sich aber auf einem Laserdrucker erheblich mehr Graustufen in vernünftiger Qualität darstellen. Wir wollen nun in diesem Kapitel versuchen, dem Drucker weit mehr als diese acht Graustufen zu entlocken.

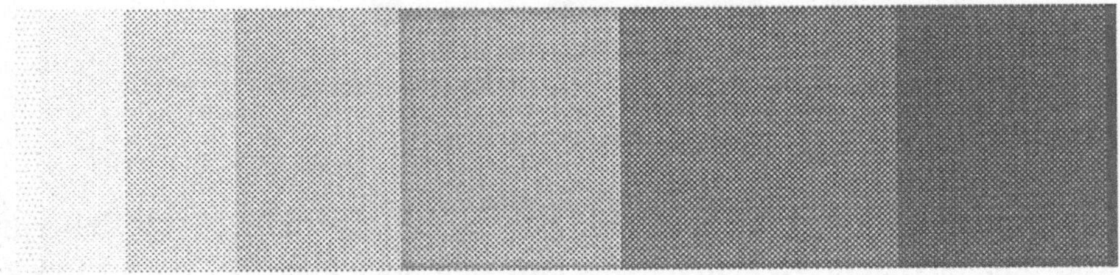

Abbildung 15.1: Bester PCL-Graukeil

Die zugrunde liegende Idee ist die Verwendung der benutzerdefinierten Muster mit einer speziellen Füllung, die während des Druckauftrages verändert werden kann. Die Füllung selbst besteht aus dem Graumuster, das aus einer geometrischen Definition, meist einem Kreis, gebildet wird. Die Grauwerte selbst entstehen, indem bei niedrigen Grauwert ein kleiner Kreis im Graumuster liegt und bei hohem Grauwert ein großer Kreis. Als Beispiel ist der Übergang von weiß zu schwarz in fünf Schritten in der Abbildung 15.2 zu sehen.

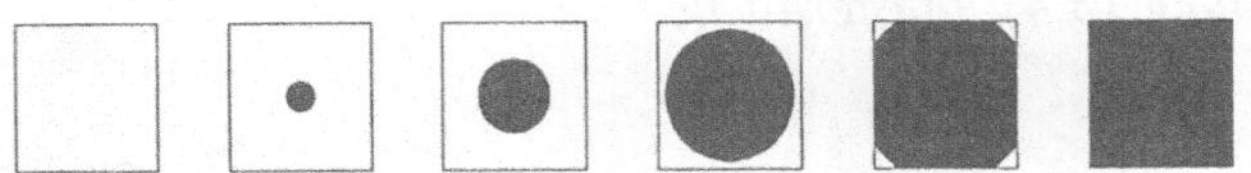

Abbildung 15.2: Grauzelle bei zunehmendem Grauwert

Wenn man zur benutzerdefinierten Füllung direkt ein Muster wie in der Abbildung 15.2 verwendet, liegen die Punkte in senkrechten und waagerechten Reihen. Zur Erzeugung von grauen Flächen ist aber ein Muster, bei denen die Punkte um 45 Grad gedreht sind, besser geeignet, da das menschliche Auge dann das zugrundeliegende Muster am schlechtesten erkennen kann. Schließlich soll der Betrachter die graue Fläche und nicht die einzelnen Punkte sehen (siehe Abbildung 15.3).

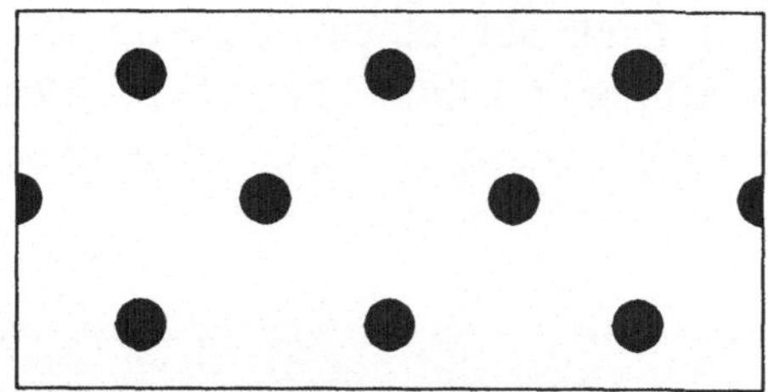

Abbildung 15.3: Gedrehtes Punktraster

Die Kanten der Füllmuster müssen in HPGL immer parallel zum Koordinatensystem verlaufen. Das läßt sich aber auch bei einem um 45 Grad gedrehten Muster erreichen, indem die Fläche des Musters verdoppelt wird. Wir legen die Ecken des Muster einfach in die Mitte von vier benachbarten Zellen wie dies in der Abbildung 15.4 zu sehen ist.

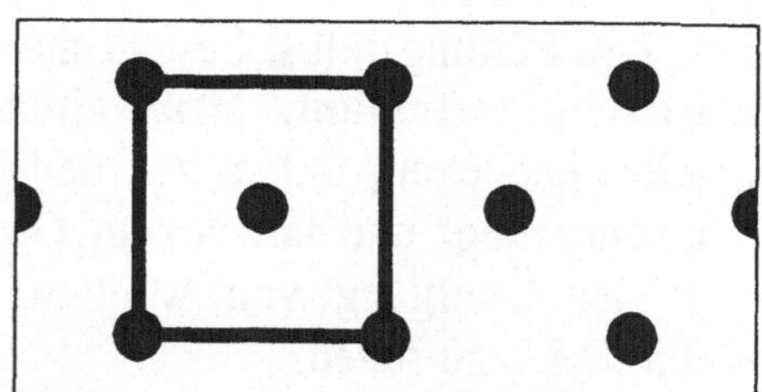

Abbildung 15.4: Musterfläche

Das Verfahren zur Erzeugung der neuen Muster besteht aus zwei Schritten, der Initialisierung und der eigentlichen Einstellung des Grauwertes. In der Initialisierung wird der Hauptanteil der Arbeit geleistet. Hier wird festgelegt, wie groß die Abstände zwischen den einzelnen Rasterpunkten sein sollen (Rasterweite) und welche Punktform verwendet wird.

Die Punktform wird durch eine eigene Funktion bestimmt, die der
Initialisierung als Argument übergeben wird. Die entsprechenden C-
Routinen sind in der Datei »grau.c« in der Liste 15.1 zu finden.

Liste 15.1: grau.c

```
 1: /* Erzeugung eines 'besseren' Grauverlaufes.
 2:  * In dieser Datei befinden sich dir folgenden Routinen:
 3:  *
 4:  * setze_grau        - Aktivieren eines Grauwertes nach der Initialisierung
 5:  * init_grau         - Initialisierung der Grauwert-Zelle
 6:  * punkt             - Funktion fuer einen runden Rasterpunkt
 7:  * linie             - Funktion fuer ein Linienraster
 8:  */
 9:
10: #include <stdio.h>
11: #include <math.h>
12: #include "grau.h"
13: #include "diverses.h"
14:
15: setze_grau(prozent, grau, out)
16:     int prozent ;
17:     struct grau_struct *grau ;
18:     FILE *out ;
19:     {
20:         int schwellwert, x, y ;
21:         int *pt ;
22:
23:         schwellwert = (prozent * 0.01) * grau->graucount ;
24:         fprintf(out, "rf 1,%d,%d", grau->graukante, grau->graukante) ;
25:         for (y=grau->graukante-1 ; y >= 0 ; y--) {
26:             pt = grau->schwellwerte + y * grau->graukante ;
27:             for (x=0 ; x < grau->graukante ; x++) {
28:                 fputc(',', out) ;
29:                 if (*pt++ <= schwellwert)
30:                     fputc('1', out) ;
31:                 else
32:                     fputc('0', out) ;
33:                 }
34:             }
35:         fprintf(out, ";ft 11,1;\n") ;
36:         }
37:
38: /* In dieser Datenstruktur werden die Ergebnisse der Funktionsaufrufe
39:  * aufgesammelt und dabei gleich sortiert. */
40: struct schwell_struct {
41:     double schwellwert ;      /* Wertigkeit des Pixels */
42:     int x, y ;                /* Position des Pixels */
43:     struct schwell_struct *next, *last ;    /* Doppelt verkettet Liste */
44:     } ;
45:
```

```
 46: init_grau(breite, grau, funktion)
 47:     int breite ;
 48:     struct grau_struct *grau ;
 49:     double (*funktion)() ;   /* Wertigkeit eines Pixels berechnen */
 50:     {
 51:         int kante ;           /* Breite der gedrehten Zelle */
 52:         int count ;           /* Anzahl der Pixel in der gedrehten Zelle */
 53:         double r_breite ;     /* reale Breite der ungedrehten Zelle */
 54:         double wert ;         /* aktueller Schwellwert */
 55:         struct schwell_struct
 56:                 *werte,       /* Schwellwerttabelle */
 57:                 *neu,         /* neuer Schwellwert */
 58:                 *pt ;         /* Zeiger in die Schwellwerttabelle */
 59:         int x, y ;            /* Koordinaten in der gedrehten Zelle */
 60:         double xr, yr ;       /* Koordinaten in der Original-Zelle */
 61:         int i ;
 62:
 63:         kante = breite * M_SQRT2 ;       /* Diagonale */
 64:         r_breite = kante * M_SQRT1_2 ;
 65:         count = kante * kante ;
 66:         werte = 0 ;                      /* initialisieren */
 67:         for (y=0 ; y < kante ; y++) {
 68:             for (x=0 ; x < kante ; x++) {
 69:                 /* Fuer alle Punkte in der Rasterzelle */
 70:                 xr = (x + y) * M_SQRT1_2 ;
 71:                 yr = (y - x) * M_SQRT1_2 ;
 72:                 while (xr < 0.)
 73:                     xr += r_breite ;
 74:                 while (xr >= r_breite)
 75:                     xr -= r_breite ;
 76:                 while (yr >= r_breite)
 77:                     yr -= r_breite ;
 78:                 while (yr < 0.)
 79:                     yr += r_breite ;
 80:                 wert = (*funktion)(xr, yr, r_breite) ;
 81:                 neu = MALLOC(struct schwell_struct) ;    /* Neues Element */
 82:                 neu->schwellwert = wert ;
 83:                 neu->x = x ;
 84:                 neu->y = y ;
 85:                 neu->next = neu->last = 0 ;
 86:                 if (werte == 0)
 87:                     werte = neu ;             /* Es war das erste Element */
 88:                 else {
 89:                     /* Es war nicht das erste mal. Wir suchen uns nun einen
 90:                         Platz zum einfuegen des neuen Elementes */
 91:                     for (pt=werte ; pt != 0 ; pt = pt->next)
 92:                         if (pt->schwellwert < wert) { /* Stelle gefunden! */
 93:                             if (pt->last != 0)
 94:                                 pt->last->next = neu ;
 95:                             else
 96:                                 werte = neu ;
 97:                             neu->last = pt->last ;
 98:                             neu->next = pt ;
 99:                             pt->last = neu ;
100:                             break ;
```

```
101:                                  }
102:                          else if (pt->next == 0) {
103:                                  neu->last = pt ;
104:                                  pt->next = neu ;
105:                                  break ;
106:                          }
107:                  }   /* if (werte != 0) */
108:              }   /* for (x=0 ; x < kante ; x++) */
109:          }   /* for (y=0 ; y < kante ; y++) */
110:      grau->graukante = kante ;
111:      grau->graucount = count ;
112:      grau->schwellwerte = (int *)Malloc(count * sizeof(int)) ;
113:      for (i=0, pt=werte ; pt != 0 ; i++) {
114:          grau->schwellwerte[ pt->y * kante + pt->x] = i ;
115:          if (pt->next != 0) {
116:              pt = pt->next ;
117:              free(pt->last) ;
118:          }
119:          else {
120:              free(pt) ;
121:              pt = 0 ;
122:          }
123:      }
124:  }
125:
126: double
127: punkt(x, y, r_breite)
128:     double x, y, r_breite ;
129:     {
130:         double erg ;
131:
132:         r_breite /= 2. ;          /* Mitte */
133:         x = r_breite - x ;
134:         y = r_breite - y ;
135:         erg = r_breite * r_breite - (x * x + y * y) ;
136:         return erg ;
137:     }
138:
139: double
140: linie(x, y, r_breite)
141:     double x, y, r_breite ;
142:     {
143:         double erg ;
144:
145:         r_breite /= 2. ;          /* Mitte */
146:         y = r_breite - y ;
147:         erg = r_breite * r_breite - y * y ;
148:         return erg ;
149:     }
```

Nachdem aus der gewünschten Breite die reale Ausdehnung der Zelle errechnet wurde (Zeile 64 auf Seite 154), wird für jeden Koordinatenpunkt in der Zelle die um 45 Grad gedrehte Koordinate in der gedrehten Zelle ausgerechnet. Zur Drehung der Koordinate habe ich die folgende Formel verwendet:

$$x' = x * \cos(-45) - y * \sin(-45)$$
$$y' = x * \sin(-45) + y * \cos(-45)$$

oder

$$x' = x * 1/\sqrt{2} - y * (-1)/\sqrt{2} = (x + y) * 1/\sqrt{2}$$
$$y' = x * (-1)/\sqrt{2} + y * 1/\sqrt{2} = (y - x) * 1/\sqrt{2}$$

Hierbei ist zu beachten, daß der Winkel negativ ist, da die Drehung mit dem Uhrzeigersinn erfolgt. Mit den gedrehten Koordinaten wird dann die Funktion aufgerufen, die die Punktform bestimmt (siehe Zeile 80 auf Seite 154). Das Ergebnis dieser Funktion ist eine Zahl, die entsprechend ihrer Größe in eine Liste eingekettet wird.

Wenn nun alle Punkte in der vergrößerten Zelle bearbeitet sind, liegt eine sortierte Liste vor. Der erste Punkt in dieser Liste bezeichnet die Koordinate des Punktes, der bei steigendem Grauwert zuerst eingeschaltet werden soll. Der zweite Punkt in der Liste ist auch der zweite, der bei weiter steigendem Grauwert aktiviert wird und so fort.

Mit dieser Liste wird dann ein Referenzfeld belegt, das genauso aufgebaut ist wie die Musterzelle (siehe Zeile 112 auf Seite 155). In diesem Referenzfeld erhält nun das Element mit der Koordinate des ersten Elementes in der Liste die Zahl eins, das nächste die Zahl zwei etc. Damit ist die Initialisierung beendet und die Daten sind in einer Variablen der Struktur »grau_struct« aus der Datei »grau.h« enthalten (Liste 15.2).

Liste 15.2: grau.h

```
 1: /* Definitionen fuer einen besseren Grauverlauf.
 2: */
 3:
 4: struct grau_struct {
 5:     int graukante ;           /* Breite der gedrehten Zelle */
 6:     int graucount ;           /* Anzahl der Pixel in der gedrehten Zelle */
 7:     int *schwellwerte ;       /* Reihenfolge der Pixel */
 8:     } ;
 9:
10: /* Routinen zur Bestimmung der Rasterpunktform */
11: double punkt(), linie() ;
```

Die Aktivierung eines Grauwertes erfolgt durch den Aufruf der Routine
»setze_grau«, dem als Argumente der Grauwert, die vorgerechneten
Graudaten und der Ausgabekanal mitgegeben werden. Zuerst wird das
Muster beginnend mit dem Befehl »RF« übertragen. Die Musternummer
wird hier fest mit der Nummer 1 angenommen, während die Höhe und
die Breite der Musterzelle aus der Datenstruktur der vorgerechneten
Graudaten entnommen werden.

Anschließend folgen Pixel für Pixel zeilenweise von oben beginnend die
Musterdaten. Die Entscheidung, ob das Pixel gesetzt werden soll, hängt
von dem gewünschten Grauwert ab, der indirekt mit dem Referenzfeld
verglichen wird (siehe Zeile 27 auf Seite 153). Nachdem für alle
Elemente in dem Musterfeld eine »0« oder eine »1« ausgegeben wurde,
wird das Muster mit dem Befehl »ft 11,1« aktiviert.

Als Beispiel für die Anwendung von den neuen Grauwerten soll hier die
Erzeugung von Graukeilen dienen. Diese sind auch ein gutes Testobjekt,
wenn Sie mit den Parametern von »init_grau« spielen möchten oder falls
Sie die Programme ändern. Das hier dargestellte Verfahren stellt
durchaus nicht das Optimum dar. Verbessern lassen sich beispielsweise
die Punktfunktion, um den Punktschluß, d.h. die Berührung der
Rasterpunkte, zu verzögern. Auch die beiden geschachtelten »for«-
Schleifen zum Adressieren aller Punkte in der Zelle sind nicht optimal,
da bei gleichen Ergebnissen der Funktion eine Gewichtung in die
Bewegungsrichtung der Laufvariablen erfolgt.

Durch die Übertragung der Muster bei jedem Wechsel der Graustufe
wird natürlich zusätzliche Zeit verbraucht. Man kann nun das hier

vorgestellte Verfahren dahingehend verbessern, daß man zum einen alle
acht möglichen Muster verwendet und nur, wenn der neue Grauwert in
keinem der acht vorhanden ist, diesen überträgt. Außerdem kann man
den Wert Schwarz durch die direkte Füllung mit dem Befehl »ft 1«
ersetzen.

Der Graukeil wird mit dem Programm in der Liste 15.3 erzeugt. Um
das Verhalten von verschiedenen Punktformen und Rasterweiten zu
zeigen, werden bei dieser Gelegenheit gleich drei verschiedene
Graukeile erzeugt. Das Ergebnis des Programms ist in den Abbildungen
15.5 und folgende zu sehen.

Liste 15.3: graukeil.c

```
 1: /* Hauptprogramm zum Ausprobieren verschiedener Graukeile.
 2:    Der Graukeil wird durch die Routine "process" erzeugt,
 3:    die 100 kleine Rechtecke mit steigendem Grauwert nebeneinanderlegt.
 4:
 5:    (C) 1991 W. Soeker, Altenstadt-Oberau
 6:  */
 7:
 8: #include <stdio.h>
 9: #include <math.h>
10: #include "grau.h"
11: #include "diverses.h"
12:
13: main()
14:    {
15:        FILE *out ;
16:        struct grau_struct grau ;        /* Daten fuer die Grauzelle */
17:
18:        if ( (out = fopen("graukeil.pcl", WS_WRITE)) == 0)
19:            fatal_error("graukeil.pcl laesst sich nicht oeffnen") ;
20:
21:        pcl_init(out, 80) ;
22:        process(out, &grau, 7, punkt) ;
23:        pcl_ende(out) ;
24:
25:        pcl_init(out, 120) ;
26:        process(out, &grau, 12, punkt) ;
27:        pcl_ende(out) ;
28:
29:        pcl_init(out, 40) ;
30:        process(out, &grau, 12, linie) ;
31:        pcl_ende(out) ;
32:
33:        fprintf(out, "\014") ;               /* form feed */
34:        fclose(out) ;
35:        exit(0) ;
36:    }
```

```
37:
38: pcl_init(out, y)
39:     FILE *out ;
40:     int y ;
41:     {
42:         /* Initialisierung */
43:         fprintf(out, "\033*c5670x850Y") ;    /* 5670=200mm, 850=30mm */
44:         fprintf(out, "\033&a180h%dV", (int) (y * 720. / 25.4)) ;
45:                                              /* X=0.25 Inch, Y=y  */
46:         fprintf(out, "\033*c0T") ;           /* Ankerpunkt setzen */
47:         fprintf(out, "\033%%1B") ;           /* HPGL-Mode betreten */
48:         fprintf(out, "in ; sp 1 ; ") ;       /* Reset und Schwarzer Stift */
49:     }
50:
51: pcl_ende(out)
52:     FILE *out ;
53:     {
54:         fprintf(out, "\033%%1A") ;           /* HPGL-Mode verlassen */
55:     }
56:
57:
58: process(out, grau, rasterweite, funktion)
59:     FILE *out ;
60:     struct grau_struct *grau ;
61:     int rasterweite ;
62:     double (*funktion)() ;  /* Wertigkeit eines Pixels berechnen */
63:     {
64:         int grauwert ;
65:         double x, y, dx, dy ;
66:
67:         fprintf(out, "in;sp1;") ;
68:         x = 0. ;                /*  0 mm */
69:         y = 10. * 40. ;         /* 10 mm */
70:         dx = 1.8 * 40. ;        /* 1.26 mm */
71:         dy = 30. * 40. ;        /* 30 mm */
72:         init_grau(rasterweite, grau, funktion) ;
73:         for (grauwert=0 ; grauwert <= 100 ; grauwert++) {
74:             setze_grau(grauwert, grau, out) ;
75:             fprintf(out, "pa %g,%g;pm0;pd;", x + dx * grauwert, y) ;
76:             fprintf(out, "pr%g,0,0,%g,%g,0,0,%g;pu;pm2;fp;\n",
77:                           dx, dy, 0-dx, 0-dy) ;
78:         }
79:     }
```

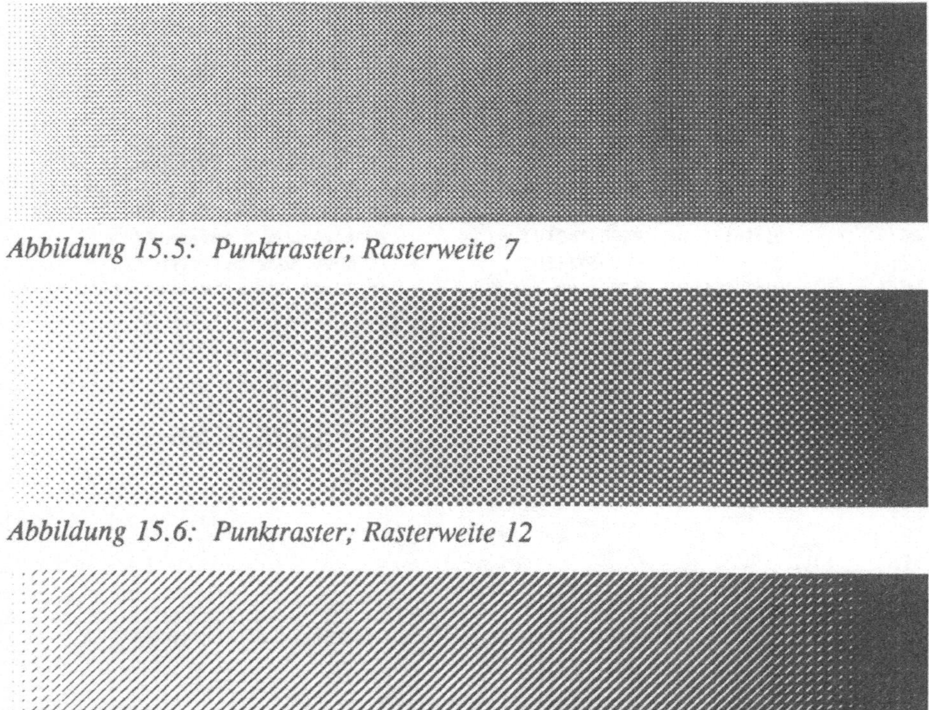

Abbildung 15.5: Punktraster; Rasterweite 7

Abbildung 15.6: Punktraster; Rasterweite 12

Abbildung 15.7: Linienraster; Rasterweite 12

16 Fonts unter HPGL

Auf den ersten Blick gibt eigentlich keine Notwendigkeit, Text unter HPGL auszugeben, da man ja auch jederzeit von HPGL zu PCL und wieder zurückspringen kann. Bei näherem Hinsehen sind aber durch die Integration von PCL, HPGL und scalierbaren Fonts vollkommen neue Möglichkeiten auf einem PCL-Drucker erschlossen worden. Jetzt können die Schriften gestaucht, gestreckt und mit beliebigen Winkeln gedreht werden (siehe Abbildung 16.1). Außerdem können alle Füllungen von HPGL zur Gestaltung der Schrift herangezogen werden.

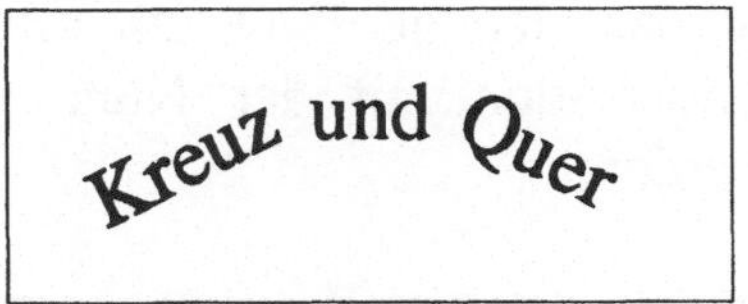

Abbildung 16.1: Gedrehte Schrift

Genau wie in PCL beginnt die Anwendung der Fonts in HPGL mit der Wahl von Schrifttyp, Schriftgrad, Symbolset usw. Während die einzelnen Bestandteile in PCL mit verschiedenen Escape-Sequenzen selektiert werden, ist in HPGL die Fontwahl in einem Befehl zusammengefaßt. Dieser Befehl lautet »SD« und hat bis zu sieben Argumentenpaare.

Da leider nicht alle Parameter der Fonteinstellung mit den Argumenten aus den entsprechenden PCL-Befehlen übereinstimmen, werden wir den Befehl »SD« in diesem Buch ausschließlich zur Einstellung des Schriftgrades verwenden. Ansonsten würde es auch zu Problemen in der Steuerung der HPGL-Fonts mit den TFM-Daten kommen, da hier die Werte für die PCL-Welt vorbereitet sind.

H P G L	Größe des HPGL-Fonts einstellen	H P G L
	SD 4,schriftgrad ;	

Damit die Übernahme der Fontinformationen von PCL nach HPGL

funktioniert, benötigen wir zwei neue PCL-Befehle. Der erste ist der Befehl »ESC*c#D« und dient der Zuordnung der Fontinformation zu einer festen Nummer, der FontID. Wir werden hier ausschließlich die Nummer 1 verwenden, obwohl es auch jede andere Nummer sein könnte.

P C L	FontID einstellen ESC * c *FontID* D	P C L

Wenn die FontID und das richtige Font mit allen Werten eingestellt sind, kann die Fontinformation mit der Nummer durch den Befehl »ESC*c6F« verknüpft werden.

P C L	FontID der Fontinformation zuordnen ESC * c 6 F	P C L

Anschließend kann der HPGL-Teil betreten und das PCL-Font mit dem Befehl »FI FontID« für HPGL aktiviert werden. Dadurch werden alle Fontinformationen bis auf den Schriftgrad übernommen. Der Schriftgrad wird dann durch den Befehl »sd 4,schriftgrad« eingestellt.

H P G L	Font aus PCL in HPGL überführen *FI FontID* ;	H P G L

Der Text wird in HPGL mit dem Befehl »LB« ausgegeben. Der auszugebende Text muß direkt hinter den beiden Buchstaben des Befehls, d.h. ohne Zwischenraum, folgen.

H P G L	Text in HPGL ausgeben *LBtext* ;	H P G L

Das Ende des Textes wird durch einen vorher vereinbarten Buchstaben beendet. Die Vereinbarung erfolgt mit dem Befehl »DT«, dem das nun die Texte beendende Zeichen direkt ohne Zwischenraum folgt. In den »wspcl«-Beispielen verwende ich gewöhnlich das Zeichen »$«. In realen Applikationen empfehle ich aber, besser das Zeichen »DEL« mit dem ASCII-Kode 127 als Endezeichen zu wählen.

H P G L	Textendezeichen festlegen *DTzeichen ;*	H P G L

Anhand eines kleinen Beispiel sollen die neuen Befehle nochmals im Zusammenhang gezeigt werden. In dem Beispiel wird zunächst das Font *Univers* ausgewählt und ein Text in einem Schriftgrad von 8 Punkt ausgegeben. Dann wechseln wir in das Font *Times* und setzen den Schriftgrad auf 12 Punkt.

```
(-ESC [E]                  Reset
(-ESC [*c1D]               FontID = 1
(-ESC [(10U]               Symbolset PC-8
(-ESC [(s1p10v0s0b4148T]   Univers, ...
(-ESC [*c6F]               Font mit FontID verküpfen
(-ESC [*c5670x3400Y]       HPGL-Bereich 200mm*120mm
(-ESC [&a720h720V]         1 Inch von jeder Kante
(-ESC [*c0T]               Ankerpunkt auf Cursor
(-ESC [%0B]                Hinein ins HPGL
in; sp1;          (-K Initialisieren
pa 200,400;       (-K x=5mm,y=10mm
dt$;              (-K Labelterminator=$
fi 1;             (-K Font wie PCL-Font 1
sd 4, 8;          (-K Schriftgrad 8 Punkt
lbUnivers$ ;      (-K Text ausgeben
(-ESC [%0A]                Wieder zu PCL
(-ESC [(s4101T]            Times
(-ESC [*c6F]               Neues Font übernehmen
(-ESC [%0B]                HPGL
fi 1;             (-K Font setzen
sd 4,12;          (-K Schriftgrad 12 Punkt
lbIst dies Times?$;   (-K Text
(-ESC [%0A]                PCL
(-FF
```

16.1 Schriftenverzerrungen

Unter Schriftenverzerrungen sind in horizontaler und vertikaler
Richtung unterschiedliche Scalierungen und Schägstellungen zu
verstehen (siehe Abbildung 16.2).

Abbildung 16.2: Verzerrte Schrift

Unterschiedliche Scalierung der Schrift kann man mit dem Befehl »SI«
erzielen. Diesem Befehl wird die Breite und Höhe der Zeichen des
Fonts in Zentimeter mitgegeben. Ohne Argumente wird wieder zum
zuletzt eingestellten Schriftgrad zurückgeschaltet.

Der einzige Grund, den Befehl »SI« statt des Befehl »SD 4,höhe« zu
verwenden, ist eine gewünschte Verzerrung der Schrift. Für die normale
Einstellung des Schriftgrades ist dieser Befehl zu unhandlich, da hier
nicht nur der Schriftgrad, sondern auch noch das Verhältnis von
Schrifthöhe zu der Schriftbreite bekannt sein muß.

H P G L	Schriftgröße in X- und Y-Richtung festlegen	H P G L
	SI [breite,höhe] ;	

Zum Befehl »SI« gibt eine *relative* Variante, den Befehl »SR«. Die
Argumente und deren Bedeutung sind identisch, mit der Ausnahme, daß
die Angaben nicht in Zentimetern, sondern in Prozent der Länge der
Diagonalen des HPGL-Bereiches (siehe Seite 129).

Nur durch Verwendung des Befehls »SR« ist es möglich, einen von der
Größe des HPGL-Bereiches abhängigen Schiftgrad zu wählen. Dies ist
in den Fällen interessant, in denen eine Graphik in andere Dokumente

integrierbar sein soll und in denen der Schriftgrad in einem festen
Verhältnis zur Graphik stehen muß.

<table>
<tr><td>H
P
G
L</td><td>Schriftgröße relativ in X- und Y-Richtung festlegen

SR [breite,höhe] ;</td><td>H
P
G
L</td></tr>
</table>

Die Schrägstellung der Schrift erreicht man durch den Befehl »SL«, dem
als Argument der Tangens des Winkels mitgegeben wird, um den die
Schrift aus der Senkrechten nach rechts geneigt ist. Eine Neigung nach
links ergibt sich durch einen negativen Winkel und damit einen
negativen Tangens.

<table>
<tr><td>H
P
G
L</td><td>Schrift schrägstellen

SL tangens(winkel) ;</td><td>H
P
G
L</td></tr>
</table>

Die Anwendung der letzten beiden Befehle soll an dem folgenden
Beispiel gezeigt werden, das die Abbildung 16.3 erzeugt.

```
(-ESC [E]                   Reset
(-ESC [*c1D]                FontID = 1
(-ESC [(10U]                Symbolset PC-8
(-ESC [(s1p10v0s0b4101T]    Times, ...
(-ESC [*c6F]                Font mit FontID verküpfen
(-ESC [*c2551x1417Y]        HPGL-Bereich 90mm * 50mm
(-ESC [&a720h720V]          1 Inch von jeder Kante
(-ESC [*c0T]                Ankerpunkt auf Cursor
(-ESC [%0B]                 Hinein ins HPGL
in; sp1;            (-K Initialisieren
pa 400,400;         (-K x=10mm,y=10mm
dt$;                (-K Labelterminator=$
fi 1;               (-K Font wie PCL-Font 1
sr 20,60 ;          (-K 20% Breit, 60% Hoch
lbABC$ ;            (-K Text ausgeben
pa 400,400;         (-K x=10mm,y=10mm
sr 20,40 ;          (-K 20% Breit, 40% Hoch
sl -1 ;             (-K tangens(-45) = -1
lbABC$ ;            (-K Text ausgeben
```

```
(-ESC [%0A]              Wieder zu PCL
(-FF
```

Abbildung 16.3: Gekippte Buchstaben

16.2 Schriftenfüllung

Der Text läßt sich ähnlich wie die Polygone unter HPGL mit
verschiedenen Rastern füllen. Die Art der Füllung wird durch den
Befehl »CF« eigestellt, wobei hier ebenfalls angegeben werden kann, ob
die ausgegebenen Zeichen mit einer Linie umrandet werden sollen.

H P G L	Schrift füllen und/oder umreißen	H P G L
	CF füllart [, randstift] ;	

Mit dem zweiten Argument kann alternativ zum aktuellen Stift ein
anderer Stift für die Umrißlinie gewählt werden. Folgende Füllarten
werden unterstützt:

Füllart	Bedeutung
0	Dies ist die Standardeinstellung, in der die Zeichen mit dem aktuellen Stift gefüllt und umrissen werden.
1	In dieser Einstellung werden die Zeichen nur mit einer Linie umgeben. Falls das HPGL-Font nicht eines der neuen scalieren Fonts ist, werden die Zeichen gefüllt.
2	Mit dieser Einstellung werden die Zeichen entsprechend der aktuellen Füllart gefüllt, aber nicht mit einer Linie umgeben.
3	Auch hier wird die aktuelle Füllart angewendet, zusätzlich werden die Zeichen aber noch umrandet.

Wir werden die graue Füllung zur Verbesserung des letzten Beispiels heranziehen, um eine Graphik wie in der Abbildung 16.4 zu erzeugen. Das neue Programm sieht nun wie folgt aus:

```
(-ESC [E]                         Reset
(-ESC [*c1D]                      FontID = 1
(-ESC [(10U]                      Symbolset PC-8
(-ESC [(s1p10v0s0b4101T]          Times, ...
(-ESC [*c6F]                      Font mit FontID verküpfen
(-ESC [*c2551x1417Y]              HPGL-Bereich 90mm * 50mm
(-ESC [&a720h720V]                1 Inch von jeder Kante
(-ESC [*c0T]                      Ankerpunkt auf Cursor
(-ESC [%0B]                       Hinein ins HPGL
in; sp1;               (-K Initialisieren
pa 400,400;            (-K x=10mm,y=10mm
dt$;                   (-K Labelterminator=$
fi 1;                  (-K Font wie PCL-Font 1
sr 20,60 ;             (-K 20% Breit, 60% Hoch
lbABC$ ;               (-K Text ausgeben
pa 400,400;            (-K x=10mm,y=10mm
sr 20,40 ;             (-K 20% Breit, 40% Hoch
sl -1 ;                (-K tangens(-45) = -1
ft 10,20 ;             (-K 20 % Grauwert
cf 2 ;                 (-K Schrift in Grau
lbABC$ ;               (-K Text ausgeben
```

```
(-ESC [%0A]                    Wieder zu PCL
(-FF
```

Abbildung 16.4: Graue Schatten

16.3 Rotierte Schrift

Der letzte und eine der interessantesten Aspekte der Schriften unter
HPGL ist die Möglichkeit, die Schriftlinie zu kippen und damit die
Zeichen zu rotieren. Der Winkel, um den die Zeichen rotiert werden
sollen, wird durch das Verhältnis von »dx« zu »dy« bestimmt, den
beiden Argumenten des Rotationsbefehls »DI« (siehe Abbildung 16.5).

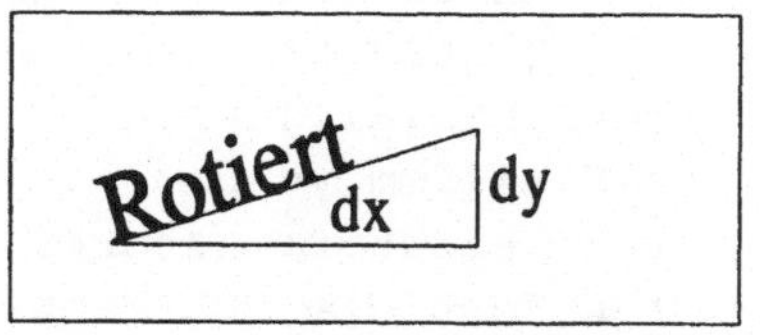

Abbildung 16.5: Rotierte Schrift

<table>
<tr><td>H
P
G
L</td><td>Schrift rotieren

    DI dx,dy ;</td><td>H
P
G
L</td></tr>
</table>

In dem folgenden kleinen Beispiel werden wir das Wort »Rotiert« in acht verschiedenen Richtungen und in acht verschiedenen Graustufen zu Papier bringen (siehe Abbildung 16.6).

```
(-ESC [E]                      Reset
(-ESC [*c1D]                   FontID = 1
(-ESC [(10U]                   Symbolset PC-8
(-ESC [(s1p10v0s3b4101T]       Times Bold, ...
(-ESC [*c6F]                   Font mit FontID verküpfen
(-ESC [*c1701x1701Y]           HPGL-Bereich 60mm * 60mm
(-ESC [&a720h720V]             1 Inch von jeder Kante
(-ESC [*c0T]                   Ankerpunkt auf Cursor
(-ESC [%0B]                    Hinein ins HPGL
in; sp1;              (-K Initialisieren
dt$;                  (-K Labelterminator=$
fi 1;                 (-K Font wie PCL-Font 1
sd 4,18 ;             (-K Schriftgrad einstellen
cf 2 ;                (-K Schrift in Grau
pa 1200,1200;         (-K Stift in die Mitte
ft 10, 1 ;            (-K  1 % Grauwert
di 10,10 ;            (-K 45 Grad
lb  Rotiert$ ;        (-K Text ausgeben
(-K Dasselbe mit 5% Grau und 90 Grad
pa 1200,1200; ft10,5; di 0,10; lb  Rotiert$;
(-K Und nun noch 6 mal
pa 1200,1200; ft10, 5; di   0,10; lb  Rotiert$;
pa 1200,1200; ft10,15; di -10,10; lb  Rotiert$;
pa 1200,1200; ft10,25; di -10, 0; lb  Rotiert$;
pa 1200,1200; ft10,45; di -10,-10;lb  Rotiert$;
pa 1200,1200; ft10,65; di  0,-10; lb  Rotiert$;
pa 1200,1200; ft10,85; di 10,-10; lb  Rotiert$;
pa 1200,1200; ft10,100;di  10, 0; lb  Rotiert$;
(-ESC [%0A]              Wieder zu PCL
(-FF
```

Abbildung 16.6: Rotierte Schrift II

A Hilfsprogramme

In dem meisten in diesem Buch vorgestellten Routinen werden kleine Hilfsroutinen aufgerufen. Diese Hilfsroutinen sind in der Datei »diverses.c« in der Liste A.1 zusammengefaßt. Bei den Hilfsroutinen handelt es sich um der zentralen Fehlerausgang »fatal_error« und um die fehlerresistente Variante der Speicherallokierung »Malloc«.

Weitere allgemeine Definitionen sind der Datei »diverses.h« zu finden. Sie ist in der Liste A.2 abgedruckt.

Liste A.1: diverses.c

```
 1: /* Hier stehen Unterstuetzungs-Routinen, die eigentlich jeder braucht.
 2:
 3:    (C) W. Soeker, Juli 1991, Altenstadt-Oberau
 4: */
 5:
 6: #include <stdio.h>
 7:
 8: fatal_error(text)
 9:     char *text ;
10:     {
11:         fprintf(stderr, "fatal_error: %s\n", text) ;
12:         exit(1) ;
13:         }
14:
15: char *
16: Malloc(n)
17:     int n ;
18:     {
19:         char *malloc(), *rval ;
20:
21:         rval = malloc(n) ;
22:         if (rval == 0)
23:             fatal_error("Malloc findet keinen Speicher mehr!") ;
24:         return rval ;
25:         }
```

Liste A.2: diverses.h

```
1: /* Hier stehen Unterstuetzungs-Definitionen, die eigentlich jeder braucht.
2:
3:    (C) W. Soeker, Juli 1991, Altenstadt-Oberau
4: */
5:
6:
7: #ifndef MALLOC
8: #   define MALLOC(s) ( (s *)Malloc(sizeof(s)) )
9: #endif
10:
11: char *Malloc() ;
12:
13: #ifdef DOS
14: #define WS_READ "rb"
15: #else
16: #define WS_READ "r"
17: #endif
18:
19: #ifdef DOS
20: #define WS_WRITE "wb"
21: #else
22: #define WS_WRITE "w"
23: #endif
24:
25: #ifdef DOS
26: #define M_SQRT1_2 M_SQRT_2
27: #endif
28:
```

B Programm »wspcl«

Liste B.1: wspcl.c

```
 1: /* Dies ist ein Programm zur Direkten Eingabe von PCL-Kommandos.
 2:    Um eine Eingabe ohne unsichtbare Zeichen (Escape, Formfeed)
 3:    zu erreichen, wird alternativ eine Klammersyntax zur Eingabe
 4:    von Escape-Sequenzen verwendet, die von diesem Programm
 5:    in die echten Sequenzen umgewandelt werden.
 6:    Die zur Escape gehoehrende Sequenz ist mit eckigen Klammern begrenzt.
 7:
 8:    Syntax:
 9:    (-ESC [string] Kommentar -)
10:
11:    Folgende Kommandos werden unterstuetzt:
12:    (-ESC  =  Escape
13:    (-FF   =  Formfeed
14:    (-K    =  Kommentar
15:    (--    =  (-
16:
17:    Aufruf des Programmes:
18:    wspcl                     stdin -> stdout
19:    wspcl file1               file1 -> stdout
20:    wspcl file1 file2         file1 -> file2
21:
22:    (C) Copyright Dipl.-Ing. Wilfried Soeker, Oktober 1991
23:    Alle Rechte vorbehalten.
24: */
25:
26: #include <stdio.h>
27: #include "diverses.h"
28:
29: #define ZEILENLAENGE 512
30:
31: #define CMD_ILLEGAL 0
32: #define CMD_ESC 1
33: #define CMD_FF  2
34: #define CMD_K   3
35:
36: main(argc, argv)
37:     int argc ;
38:     char *argv[] ;
39:     {
40:         unsigned char Zeile[ZEILENLAENGE] ;
41:         FILE *infile, *outfile ;
42:         unsigned char *pt, *pt2 ;
43:         int Kommando ;
44:
45:         if (argc > 3) {
46:             fprintf(stderr, "Fehlerhafter Programmaufruf!\n") ;
47:             fprintf(stderr, "%s [Eingabedatei [Ausgabedatei]]\n", argv[1]) ;
48:             exit(1) ;
49:             }
50:         if (argc == 1) {
51:             infile = stdin ;
```

```
52:               outfile = stdout ;
53:               }
54:          else {
55:               if ( (infile = fopen(argv[1], WS_READ)) == 0) {
56:                    fprintf(stderr, "Fehler bei Datei %s!\n", argv[1]) ;
57:                    exit(1) ;
58:                    }
59:               if (argc > 2) {
60:                    if ( (outfile = fopen(argv[2], WS_WRITE)) == 0) {
61:                         fprintf(stderr, "Fehler bei Datei %s!\n", argv[1]) ;
62:                         exit(1) ;
63:                         }
64:                    }
65:               else
66:                    outfile = stdout ;
67:               }
68:
69:          /* Alle Zeilen einlesen und bearbeiten */
70:          while (fgets(Zeile, ZEILENLAENGE, infile) != 0) {
71:               for (pt = Zeile ; *pt != '\0' ; ) {
72:                    if (*pt == '(') {
73:                         if (pt[1] != '-') {
74:                              fputc(*pt, outfile) ;
75:                              continue ;
76:                              }
77:                         if (pt[2] == '-') {         /* (-- => (- */
78:                              fputc(*pt++, outfile) ;
79:                              fputc(*pt++, outfile) ;
80:                              continue ;
81:                              }
82:                         Kommando = CMD_ILLEGAL ;
83:                         if (pt[2] == 'E' && pt[3] == 'S' && pt[4] == 'C')
84:                              Kommando = CMD_ESC ;
85:                         if (pt[2] == 'F' && pt[3] == 'F')
86:                              Kommando = CMD_FF ;
87:                         if (pt[2] == 'K')
88:                              Kommando = CMD_K ;
89:                         switch (Kommando) {
90:                              case CMD_ESC:
91:                                   fputc(0x1b, outfile) ;   /* Escape ausgeben */
92:                                   pt += 5 ;    /* (-ESC ueberspringen */
93:                                   for ( ; *pt != '\0' && *pt != '[' ; pt++)
94:                                        if (*pt == '-' && pt[1] == ')')
95:                                             break ;
96:                                   if (*pt == '[') {
97:                                        for (pt++; *pt != '\0' && *pt != ']';pt++)
98:                                             fputc(*pt, outfile) ;
99:                                        while ( *pt != '\0' &&
100:                                             !(*pt == '-' && pt[1] == ')'))
101:                                             pt++ ;
102:                                        }
103:                                   if (*pt == '-')
104:                                        pt += 2 ;
105:                                   break ;
106:                              case CMD_FF:
```

```
107:                              fputc(0x0c, outfile) ;
108:                              pt += 4 ;
109:                              while (   *pt != '\0' &&
110:                                      !(*pt == '-' && pt[1] == ')'))
111:                                  pt++ ;
112:                              if (*pt == '-')
113:                                  pt += 2 ;
114:                              break ;
115:                          case CMD_K:
116:                              pt += 3 ;
117:                              while (   *pt != '\0' &&
118:                                      !(*pt == '-' && pt[1] == ')'))
119:                                  pt++ ;
120:                              if (*pt == '-')
121:                                  pt += 2 ;
122:                              break ;
123:                          case CMD_ILLEGAL:
124:                          default:
125:                              fprintf(stderr, "Illegales Kommando %s\n", pt) ;
126:                              break ;
127:                          }
128:                  }
129:              else
130:                  fputc(*pt++, outfile) ;
131:          }
132:      }
133:  }
```

C Lösungen zu den Aufgaben

Aufgabe 2.1:

Stellen Sie den Drucker so ein, daß die Seite im Querformat mit einer Zeilenlänge von 80 Zeichen ausgegeben wird. Der linke Rand soll bei Spalte 4 beginnen und der obere Rand soll 5 Zeilen umfassen. Insgesamt sollen 25 Zeilen auf eine Seite passen. Nachdem die entsprechenden Sequenzen ausgegeben worden sind, soll mindestens eine Seite Text folgen, um die Einstellung zu kontrollieren.

Lösung in wspcl:

```
(-ESC [E]              Reset!
(-ESC [&k2G]           line feed -> lf + cr
(-ESC [&a4184M]        Linken und Rechten Rand einstellen.
(-ESC [&l5e25F]        Ab Zeile fünf 25 weiter Zeilen
Zeile 1
Zeile 2
Zeile 3
Zeile 4
Zeile 5
Zeile 6
Zeile 7
Zeile 8
Zeile 9
Zeile 10
Zeile 11
Zeile 12
Zeile 13
Zeile 14
Zeile 15
Zeile 16
Zeile 17
Zeile 18
Zeile 19
Zeile 20
Zeile 21
Zeile 22
Zeile 23
Zeile 24
```

```
Zeile 25    Vor dem Seitenwechsel
Zeile 26    Nach dem Seitenwechsel
Zeile 27
Zeile 28
Zeile 29
Zeile 30
(-FF                         Seite ausgeben
```

Aufgabe 5.1:

Eine verbreitete Form von Rätseln besteht darin, eine Zeichnung durch das Verbinden nummerierter Punkte zur erraten. Ihre Aufgabe ist es nun nicht, die Punkte durch Linien zu verbinden, sondern selbst ein solches Rätsel zu erzeugen. Hierzu sollten Sie sich einer Ihnen vertrauten Programmiersprache bedienen. Hinweis: Ein Zentimeter entspricht etwa 283 Dezipoint.

Lösung in C:

Liste C.1: tasse.c

```
 1: /* Erzeugung der "Tasse" aus der Aufgabe 5.1
 2:  */
 3:
 4: #include <stdio.h>
 5: #include "diverses.h"
 6:
 7: /* Umwandlung von Millimeter in Dezipoint */
 8: #define MM(mm) ( (int)( (mm) * 720. / 25.4 ) )
 9:
10: struct koor_struct {
11:     int x, y ;        /* Ein Koordinatenpaar */
12:     } ;
13:
14: struct koor_struct punkte[] = {
15:     /*  1 */ { 25, 48 },
16:     /*  2 */ {  8, 13 } ,
17:     /*  3 */ { 74, 13 } ,
18:     /*  4 */ { 69, 22 } ,
19:     /*  5 */ { 13, 22 } ,
20:     /*  6 */ { 19, 36 } ,
21:     /*  7 */ { 33, 22 } ,
```

```
22:     /*  8 */ { 52, 40 } ,
23:     /*  9 */ { 68, 24 } ,
24:     /* 10 */ { 53, 52 } ,
25:     /* 11 */ { 58, 56 } ,
26:     /* 12 */ { 22, 56 } ,
27:     /* 13 */ { 27, 52 } ,
28:     /* 14 */ { 22, 40 } ,
29:     /* 15 */ { 59, 40 } ,
30:     /* 16 */ { 73, 37 } ,
31:     /* 17 */ { 80, 21 } ,
32:     /* 18 */ { 70, 19 } ,
33:     /* 19 */ { 66, 27 }
34:     } ;
35:
36: main()
37:     {
38:         FILE *out ;
39:         struct koor_struct *pt ;
40:         int i, menge ;
41:
42:         if ( (out = fopen("tasse.pcl", WS_WRITE)) == 0)
43:             fprintf(stderr, "tasse.pcl kann nicht geoeffnet werden\n") ;
44:         else {
45:             fprintf(out, "\033E\033(8U") ;        /* Reset + Roman-8 */
46:             fprintf(out, "\033(s1p6v0s0b4148T") ;
47:                 /* Prop.Spacing, 6 pt-Height, Upright, Medium, Univers */
48:             menge = sizeof(punkte) / sizeof(struct koor_struct) ;
49:             for (pt=punkte, i=1 ; i <= menge ; i++, pt++) {
50:                 fprintf(out, "\033&a%dh%dV* %d", MM(pt->x), MM(pt->y), i) ;
51:                 }
52:             fprintf(out, "\014") ;       /* Form Feed */
53:             fclose(out) ;
54:             }
55:         }
```

Aufgabe 8.1:

Versuchen Sie bitte, mit »wspcl« oder einer Programmiersprache Ihrer
Wahl, die folgende Zeile (CG Times Bold, 24 Punkt) zu erzeugen:

Lösung in wspcl:

```
(-ESC [E]                       Reset!
(-ESC [(8U]                     Symbol-set Roman-8
(-ESC [(s1p24v0s3b4101T]        Prop.,24pt,Upright,Bold,Times
(-ESC [*c4G]                    Schraffur Nr. 4
(-ESC [*v3T]                    Schraffieren
(-ESC [&a720h1440V]             Cursor auf X= 1 Inch, Y= 2 Inch
Links
(-ESC [*c3G]                    Schraffur Nr. 3
(-ESC [*v3T]                    Schraffieren
(-ESC [&a1440h1440V]            Cursor auf X= 2 Inch, Y= 2 Inch
Rechts
(-FF                            Seite ausgeben
```

Aufgabe 9.1:

Schreiben Sie bitte ein Programm, das die folgende Graphik erzeugt:

Lösung in wspcl:

```
(-ESC [E]                      Reset!
(-ESC [(8U]                    Symbol-set Roman-8
(-ESC [&a1000h1000V]           Cursor auf X=Y=100 Punkt
(-ESC [*c1500h1500v0P]         Schwarzes Quadrat 150 Punkt
(-ESC [&a1100h1100V]           Cursor auf X=Y=110 Punkt
(-ESC [*c1300h1300v1P]         Weisses Quadrat 1300 dpt
(-ESC [&a1200h1200V]           Cursor auf X=Y=120 Punkt
(-ESC [*c1100h1100v0P]         Schwarzes Quadrat 1100 dpt
(-ESC [&a1300h1300V]           Cursor auf X=Y=130 Punkt
(-ESC [*c900h900v1P]           Weisses Quadrat 900 dpt
(-ESC [&a1400h1400V]           Cursor auf X=Y=140 Punkt
(-ESC [*c700h700v0P]           Schwarzes Quadrat 700 dpt
(-ESC [&a1500h1500V]           Cursor auf X=Y=150 Punkt
(-ESC [*c500h500v1P]           Weisses Quadrat 500 dpt
(-ESC [&a1600h1600V]           Cursor auf X=Y=160 Punkt
(-ESC [*c300h300v0P]           Schwarzes Quadrat 300 dpt
(-ESC [&a1700h1700V]           Cursor auf X=Y=170 Punkt
(-ESC [*c100h100v1P]           Weisses Quadrat 100 dpt
(-FF                           Seite ausgeben
```

Aufgabe 10.1, 10.2, 10.3:

Es sollte Ihnen möglich sein, das Bild aus Abbildung C.1 durch ein
Programm zu erzeugen. Es soll jeweils ein Bild mit Run-Length-, TIFF-
und Delta-Row-Komprimierung ausgegeben werden. Folgende
Parameter sind für das Bild vorgegeben: Auflösung = 75 Punkte/Inch,
Bildbreite = 80 und Bildhöhe = 80 Bildelemente (Pels), Dicke des
äußeren Rahmen = 8 Pels, Dicke des Kreuzes = 16 Pels.

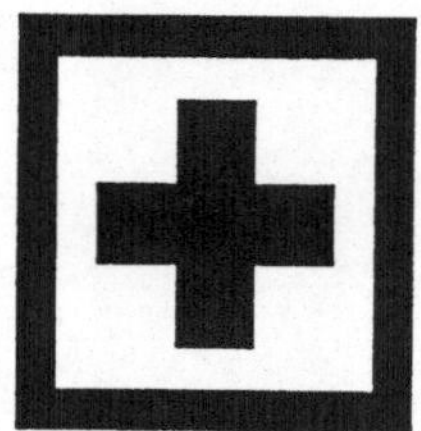

Abbildung C.1: Ein schwarzes Kreuz

Lösung in C:

Liste C.2: kreuz.c

```
 1: /* Erzeugung des "Kreuzes" aus der Aufgabe 10.1
 2:  */
 3:
 4: #include <stdio.h>
 5: #include "diverses.h"
 6:
 7: /* Umwandlung von Millimeter in Dezipoint */
 8: #define MM(mm) ( (int)( (mm) * 720. / 25.4 ) )
 9:
10: #define BILD_BREITE   80
11: #define BILD_HOEHE    80
12:
13: main()
14:     {
15:         FILE *out ;
16:         int i, menge ;
17:
18:         if ( (out = fopen("kreuz.pcl", WS_WRITE)) == 0)
19:             fprintf(stderr, "kreuz.pcl kann nicht geoeffnet werden\n") ;
20:         else {
21:             fprintf(out, "\033E") ; /* Reset */
22:             runlength(out) ;        /* In runlength Kodierung */
23:             tiff(out) ;             /* Mit TIFF-Komprimierung */
24:             delta_row(out) ;        /* Mit Delta-Row-Komprimierung */
25:             fprintf(out, "\014") ;  /* Seite ausgeben */
26:             fclose(out) ;
27:             }
28:         }
29:
30: /* Das Bild besteht aus vier sich wiederholenden
31:    verschiedenen Mustern */
32: /* 10 * 11111111 */
33: static unsigned char run_z1[] = { 9, 255 } ;
34:
35: /* 1 * 11111111, 8 * 00000000, 1* 11111111 */
36: static unsigned char run_z2[] = { 0, 255, 7, 0, 0, 255 } ;
37:
38: /* 1* 11111111, 3* 00000000, 2* 11111111, 3* 00000000, 1* 11111111 */
39: static unsigned char run_z3[] = { 0, 255, 2, 0, 1, 255, 2, 0, 0, 255 } ;
40:
41: /* 1* 11111111, 1* 00000000, 6* 11111111, 1* 00000000, 1* 11111111 */
42: static unsigned char run_z4[] = { 0, 255, 0, 0, 5, 255, 0, 0, 0, 255 } ;
43:
44: runlength(out)
```

```
45:     FILE *out ;
46:     {
47:         fprintf(out, "\033&a%dh%dV", MM(20), MM(50)) ;  /* Setze Cursor */
48:         fprintf(out, "\033*t75R") ;          /* 75 dpi */
49:         fprintf(out, "\033*rOF") ;           /* Orientierung */
50:         fprintf(out, "\033*r%ds%dT", BILD_BREITE, BILD_HOEHE) ;
51:         fprintf(out, "\033*r1A") ;           /* Beginn der Bilddaten */
52:         fprintf(out, "\033*b1M") ;           /* Run-Length Komprimierung */
53:         sende_zeile(out, run_z1, sizeof(run_z1), 8) ;
54:         sende_zeile(out, run_z2, sizeof(run_z2), 8) ;
55:         sende_zeile(out, run_z3, sizeof(run_z3), 16) ;
56:         sende_zeile(out, run_z4, sizeof(run_z4), 16) ;
57:         sende_zeile(out, run_z3, sizeof(run_z3), 16) ;
58:         sende_zeile(out, run_z2, sizeof(run_z2), 8) ;
59:         sende_zeile(out, run_z1, sizeof(run_z1), 8) ;
60:     }
61:
62: /* 255 ==> -1 */
63: /* 10 * 11111111 */
64: static char tiff_z1[] = { -9, -1 } ;
65:
66: /* 1 * 11111111, 8 * 00000000, 1* 11111111 */
67: static char tiff_z2[] = { 0, -1, -7, 0, 0, -1 } ;
68:
69: /* 1* 11111111, 3* 00000000, 2* 11111111, 3* 00000000, 1* 11111111 */
70: static char tiff_z3[] = { 0, -1, -2, 0, -1, -1, -2, 0, 0, -1 } ;
71:
72: /* 1* 11111111, 1* 00000000, 6* 11111111, 1* 00000000, 1* 11111111 */
73: static char tiff_z4[] = { 0, -1, 0, 0, -5, -1, 0, 0, 0, -1 } ;
74:
75: tiff(out)
76:     FILE *out ;
77:     {
78:         fprintf(out, "\033&a%dh%dV", MM(70), MM(50)) ;  /* Setze Cursor */
79:         fprintf(out, "\033*t75R") ;          /* 75 dpi */
80:         fprintf(out, "\033*rOF") ;           /* Orientierung */
81:         fprintf(out, "\033*r%ds%dT", BILD_BREITE, BILD_HOEHE) ;
82:         fprintf(out, "\033*r1A") ;           /* Beginn der Bilddaten */
83:         fprintf(out, "\033*b2M") ;           /* TIFF Komprimierung */
84:         sende_zeile(out, tiff_z1, sizeof(tiff_z1), 8) ;
85:         sende_zeile(out, tiff_z2, sizeof(tiff_z2), 8) ;
86:         sende_zeile(out, tiff_z3, sizeof(tiff_z3), 16) ;
87:         sende_zeile(out, tiff_z4, sizeof(tiff_z4), 16) ;
88:         sende_zeile(out, tiff_z3, sizeof(tiff_z3), 16) ;
89:         sende_zeile(out, tiff_z2, sizeof(tiff_z2), 8) ;
90:         sende_zeile(out, tiff_z1, sizeof(tiff_z1), 8) ;
91:     }
92:
93: /* Die obersten drei Bits geben die Anzahl der zu ersetzenden Bytes an */
94: #define DELTA(ersatz, offset) ( ((ersatz-1) << 5) + offset )
95:
96: /* Uebergang von      ********************
97:     auf              **                **       */
98: static unsigned char delta_z1[] = { DELTA(8,1), 0, 0, 0, 0, 0, 0, 0, 0 } ;
99:
```

```
100: /* Uebergang von      **                    **
101:      auf              **       ****       **        */
102: static unsigned char delta_z2[] = { DELTA(2, 4), 255, 255 } ;
103:
104: /* Uebergang von      **       ****       **
105:      auf              **   ************ **        */
106: static unsigned char delta_z3[] = { DELTA(2,2),255,255, DELTA(2,2),255,255};
107:
108: /* Uebergang von      **   ************ **
109:      auf              **       ****       **        */
110: static unsigned char delta_z4[] = { DELTA(2,2), 0, 0, DELTA(2,2), 0, 0 };
111:
112: /* Uebergang von      **       ****       **
113:      auf              **                **        */
114: static unsigned char delta_z5[] = { DELTA(2,4), 0, 0 } ;
115:
116: /* Uebergang von      **                    **
117:      auf              ********************        */
118: static unsigned char delta_z6[] = { DELTA(8,1), 255, 255, 255, 255,
119:                                                 255, 255, 255, 255 } ;
120:
121: /* Fuer das Delta-Row-Verfahren uebertragen wir die erste Zeile mit
122:     der Runlength-Komprimierung und die folgenden mit der
123:     Delta-Row-Komprimierung.
124: */
125: delta_row(out)
126:     FILE *out ;
127:     {
128:         int i, j ;
129:         unsigned char *pt ;
130:
131:         fprintf(out, "\033&a%dh%dV", MM(120), MM(50)) ; /* Setze Cursor */
132:         fprintf(out, "\033*t75R") ;           /* 75 dpi */
133:         fprintf(out, "\033*r0F") ;           /* Orientierung */
134:         fprintf(out, "\033*r%ds%dT", BILD_BREITE, BILD_HOEHE) ;
135:         fprintf(out, "\033*r1A") ;           /* Beginn der Bilddaten */
136:         fprintf(out, "\033*b1M") ;           /* Run-Length Komprimierung */
137:         sende_zeile(out, run_z1, sizeof(run_z1), 1) ;
138:         fprintf(out, "\033*b3M") ;           /* Delta-Row Komprimierung */
139:         for (i=0 ; i < 7 ; i++)       /* Wiederholungen */
140:             fprintf(out, "\033*b0W") ;       /* Laenge uebermitteln */
141:         sende_zeile(out, delta_z1, sizeof(delta_z1), 1) ;
142:         for (i=0 ; i < 7 ; i++)       /* Wiederholungen */
143:             fprintf(out, "\033*b0W") ;       /* Laenge uebermitteln */
144:         sende_zeile(out, delta_z2, sizeof(delta_z2), 1) ;
145:         for (i=0 ; i < 15 ; i++)        /* Wiederholungen */
146:             fprintf(out, "\033*b0W") ;       /* Laenge uebermitteln */
147:         sende_zeile(out, delta_z3, sizeof(delta_z3), 1) ;
148:         for (i=0 ; i < 15 ; i++)        /* Wiederholungen */
149:             fprintf(out, "\033*b0W") ;       /* Laenge uebermitteln */
150:         sende_zeile(out, delta_z4, sizeof(delta_z4), 1) ;
151:         for (i=0 ; i < 15 ; i++)        /* Wiederholungen */
152:             fprintf(out, "\033*b0W") ;       /* Laenge uebermitteln */
153:         sende_zeile(out, delta_z5, sizeof(delta_z5), 1) ;
154:         for (i=0 ; i < 7 ; i++)       /* Wiederholungen */
```

```
155:              fprintf(out, "\033*b0W") ;       /* Laenge uebermitteln */
156:          sende_zeile(out, delta_z6, sizeof(delta_z6), 1) ;
157:          for (i=0 ; i < 7 ; i++)      /* Wiederholungen */
158:              fprintf(out, "\033*b0W") ;       /* Laenge uebermitteln */
159:          }
160:
161: sende_zeile(out, zeile, laenge, anzahl)
162:     FILE *out ;
163:     unsigned char *zeile ;
164:     int laenge, anzahl ;
165:     {
166:         int i, j ;
167:         unsigned char *pt ;
168:
169:         for (i=0 ; i < anzahl ; i++) {  /* Wiederholungs-Schleife */
170:             fprintf(out, "\033*b%dW", laenge) ; /* Laenge uebertragen */
171:             for (pt=zeile, j=0 ; j < laenge ; j++, pt++)
172:                 fprintf(out, "%c", *pt) ;       /* Daten uebertragen */
173:             }
174:         }
```

Aufgabe 11.1:

Wieviele verschiedene Graustufen lassen sich durch eine Grauzelle mit
einer Kantenlänge von vier Pixeln darstellen?

Lösung:

Für den durch die Zelle realisierten Grauwert ist die Lage der Pixel
nicht ausschlaggebend. Nur die Anzahl der gesetzen Pixel geht in den
Grauwert ein. Es können 1, 2, 3, etc. bis 16 (4*4) Pixel gesetzt werden.
Das entspricht 16 Graustufen. Allerdings ist die leere Zelle auch eine
Graustufe, nämlich weiß. Daher sind es insgesamt 17 Graustufen.

Aufgabe 13.1:

Schreiben Sie bitte ein Programm, das eine karierte Fläche wie in der Abbildung C.2 erzeugt.

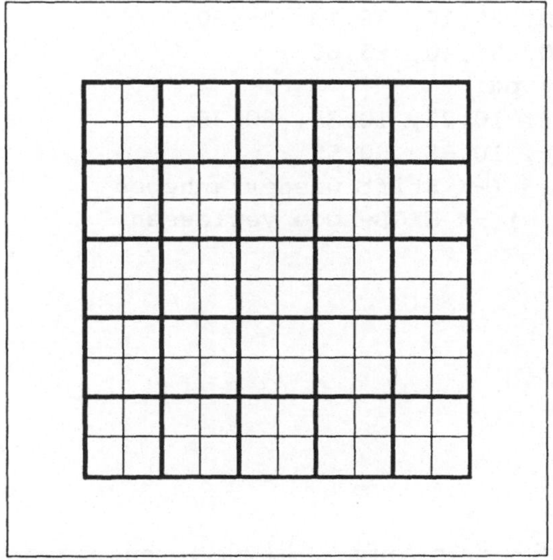

Abbildung C.2: Kleine karierte Fläche

Lösung in wspcl:

```
(-ESC [E]               Reset
(-ESC [*c1984x1984Y]    1984 entsprechen 70 mm
(-ESC [&a720h1440V]     Cursor auf X= 1 Inch, Y= 2 Inch
(-ESC [*c0T]
(-ESC [%1B] -)     (-K HPGL-Mode betreten
in ;               (-K Reset
sp 1 ;             (-K Stift 1 = Schwarz
sc 0,70,0,70 ;     (-K 70 mm entsprechen 70 Einheiten
pw 0.4 ;           (-K 0,4 mm Strichstärke
pa 10,10 ; pd ;    (-K Zur Startposition
(-K Zuerst die dicken Linien ziehen
pa 60,10, 60,60, 10,60, 10,10 ;
```

```
pa 20,10, 20,60, 30,60, 30,10, 40,10, 40,60 ;
pa 50,60, 50,10 ; pu ;
pa 10,20 ; pd ;
pa 60,20, 60,30, 10,30, 10,40, 60,40, 60,50, 10,50 ; pu ;
(-K Nun die dünnen Linien ziehen
pw 0.1 ; pa 15,10 ; pd ;
pa 15,60, 25,60, 25,10, 35,10, 35,60,
   45,60, 45,10, 55,10, 55,60 ;
pu ; pa 10,15 ; pd ;
pa 60,15, 60,25, 10,25, 10,35, 60,35,
   60,45, 10,45, 10,55, 60,55 ;
pu ;                  (-K Stift wieder anheben
(-ESC [%1A]     -)(-K HPGL-Mode verlassen
(-FF
```

Aufgabe 13.2:

Eine etwas kompliziertere Aufgabe ist die Erzeugung einer Spirale. Die
in der Abbildung C.3 gezeigte Spirale besteht aus einzelnen,
aneinandergesetzten Linienstücken, die jeweils um fünf Grad nach
rechts verdreht und um den Faktor 0,99 gekürzt sind. Auch die
Linienstärke nimmt um den gleichen Faktor ab.

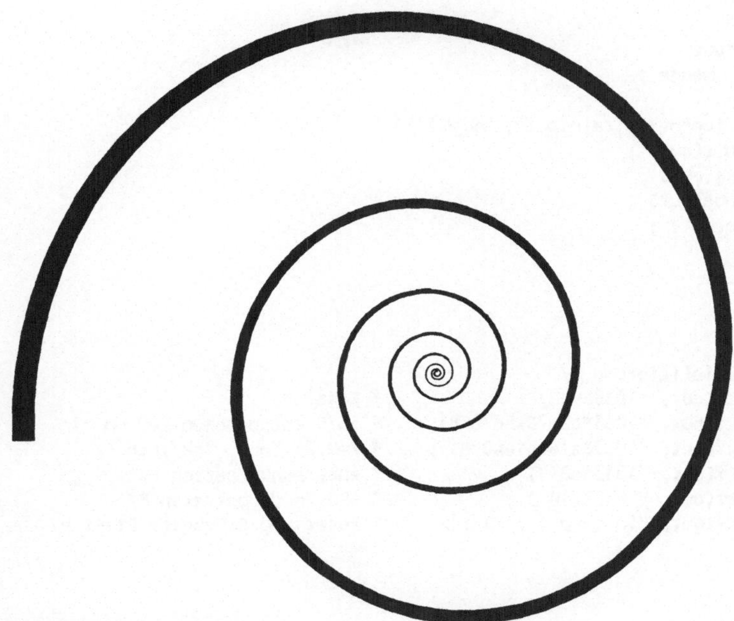

Abbildung C.3: Spirale

Lösung in C:

Liste C.3: spirale.c

```
 1: /* Eine Spirale aus einzelnen, sich verjuengenden Geradenstuecken
 2:  * zusammensetzen.
 3:  *
 4:  * (C) W. Soeker, November 1991, Altenstadt-Oberau
 5:  */
 6:
 7: #include <stdio.h>
 8: #include <math.h>
 9: #include "diverses.h"
10:
11: #define WINKEL 5.
12: #define START_WINKEL 90.
13: #define FAKTOR 0.99
14: #define START_LAENGE 5.
15: #define START_X 20.
16: #define START_Y 50.
17: #define START_BREITE 3.
18:
19: main()
```

```
20:     {
21:           FILE *out ;
22:           int i, menge ;
23:
24:           out = fopen("spirale.pcl", WS_WRITE) ;
25:           pcl_init(out) ;
26:           process(out) ;
27:           pcl_ende(out) ;
28:           fclose(out) ;
29:           }
30:
31: pcl_init(out)
32:      FILE *out ;
33:      {
34:           /* Initialisierung */
35:           fprintf(out, "\033E") ;                /* Reset */
36:           fprintf(out, "\033*c5670x5670Y") ;     /* 5670 entsprechen 200 mm */
37:           fprintf(out, "\033&a180h1440V") ;      /* X=0.25 Inch, Y=2 Inch */
38:           fprintf(out, "\033*c0T") ;             /* Ankerpunkt setzen */
39:           fprintf(out, "\033%%1B") ;             /* HPGL-Mode betreten */
40:           fprintf(out, "in ; sp 1 ; ") ;         /* Reset und Schwarzer Stift */
41:           }
42:
43: pcl_ende(out)
44:      FILE *out ;
45:      {
46:           fprintf(out, "\033%%1A") ;             /* HPGL-Mode verlassen */
47:           fprintf(out, "\014") ;                 /* form feed */
48:           }
49:
50: /* Die Berechnungsgrundlage, um vom Punkt P1 zum Punkt P2 zu gelangen.
51:
52:                             + P2
53:                            /|
54:                           / |
55:                          /  |
56:                         /   |
57:                        /    |
58:                       /     |
59:                      /      |
60:          laenge     /       | dy
61:                    /        |
62:                   /         |            dy
63:                  /          |   sin(W) = ------  => dy = laenge*sin(W)
64:                 /           |            laenge
65:                /\           |
66:               / \           |            dx
67:              / W \          |   cos(W) = ------  => dx = laenge*cos(W)
68:             /     \         |            laenge
69:         P1 +----------------+
70:                     dx
71: */
72:
73: process(out)
74:      FILE *out ;
```

```
75:     {
76:         double winkel ;        /* Aktueller Winkel */
77:         double auslenkung ; /* Kippwinkel */
78:         double x, y ;          /* aktuelle Stiftposition */
79:         double xalt, yalt ; /* alte Stiftposition */
80:         double laenge ;        /* Laenge des Kurvensegmentes */
81:         double breite ;        /* Linienstaerke */
82:
83:         winkel = START_WINKEL * M_PI / 180. ;
84:         auslenkung = WINKEL * M_PI / 180. ;
85:         breite = START_BREITE ;
86:         x = START_X * 40. ;        /* mm in plu */
87:         y = START_Y * 40. ;        /* mm in plu */
88:         laenge = START_LAENGE * 40. ;    /* mm in plu */
89:         fprintf(out, "pw %g; pa %g,%g; pd;", breite, x, y) ;
90:         while (laenge > 1 /* plu */ ) {
91:             xalt = x ;        /* P1 = (xalt, yalt) */
92:             yalt = y ;
93:             x = x + laenge * cos(winkel) ;   /* P2 = (x,y) */
94:             y = y + laenge * sin(winkel) ;
95:             laenge = laenge * FAKTOR ;   /* Verkuerzen */
96:             breite = breite * FAKTOR ;   /* Ausduennen */
97:             winkel = winkel - auslenkung ;
98:             if (winkel <= 0.)
99:                 winkel += 2. * M_PI ;
100:            fprintf(out, "pa %g,%g;", x, y) ;    /* Letzten Strich beenden */
101:            fprintf(out, "pu; pa %g,%g; pw %g; pd;", xalt, yalt, breite) ;
102:            fprintf(out, "pa %g,%g;", x, y) ;    /* Neuen Strich beginnen */
103:            /* Diese 'merkwuerdige' Linienfuehrung ist notwendig, weil
104:             * durch eine Veraenderung der Linienstaerke die alte Linie
105:             * abgeschlossen und eine neue begonnen wird. Das fuehrt zu
106:             * Luecken in der Spirale. Daher wird jede Linie zweimal
107:             * gezogen, einmal mit der ersten Linienstaerke und dann
108:             * mit der reduzierten.
109:             */
110:         }
111:     }
```

Aufgabe 13.3:

Zum Konstruieren der Abbildung C.4 benötigen Sie alle behandelten Linienelemente.

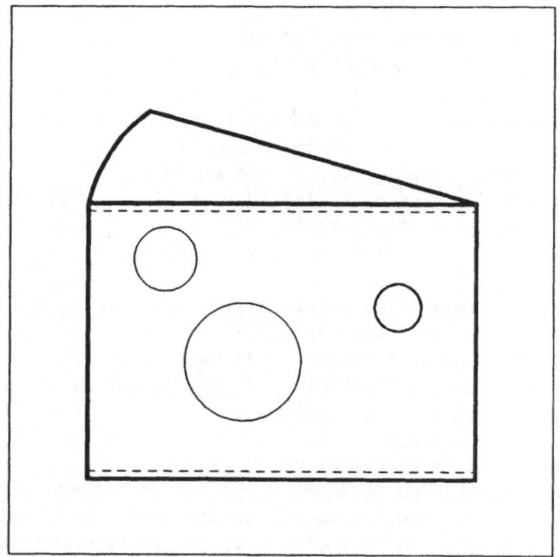

Abbildung C.4: Ein Stück Käse

Lösung in wspcl:

```
(-ESC [E]                Reset
(-ESC [*c1984x1984Y]     1984 entsprechen 70 mm
(-ESC [&a720h1440V]      Cursor auf X= 1 Inch, Y= 2 Inch
(-ESC [*c0T]
(-ESC [%1B] -)      (-K HPGL-Mode betreten
in ;                (-K Reset
sp 1 ;              (-K Stift 1 = Schwarz
sc 0,70,0,70 ;      (-K 70 mm entsprechen 70 Einheiten
pw 0.4 ;            (-K 0,4 mm Strichstärke
pa 10,10 ; pd ;     (-K Zur Startposition
pa 60,10, 60,45,    (-K Viereck zeichen
    10,45, 10,10 ; pu ;
pa 10,45 ; pd ;     (-K Startpunkt Kreisbogen
aa 30,40,-40 ;      (-K Kreisbogen ziehen
```

```
pa 60,45 ; pu ;    (-K Abschlusslinie ziehen
(-K Nun drei Kreise mit verschiedenen Durchmesser
pw 0.1 ; pa 22.5,25 ; pd ; aa 30,25,360 ; pu ;
pw 0.08 ; pa 16,38 ; pd ; aa 20,38,360 ; pu ;
pw 0.15 ; pa 47,32 ; pd ; aa 50,32,360 ; pu ;
pw 0.1 ;            (-K Duenne gestrichelte Linie
lt 2,2,0 ;          (-K Strichelung einschalten
pa 10,11 ; pd ; pa 60,11 ; pu ;
pa 10,44 ; pd ; pa 60,44 ; pu ;
lt ;               (-K Strichelung wieder ausschalten
(-ESC [%1A]     -)(-K HPGL-Mode verlassen
(-FF
```

D Literatur

1. LaserJet III Technical Reference Manual
   Hewlett Packard, 1990, HP Part No. 33449-90903

2. LaserJet III Printer Developer's Guide
   Hewlett Packard, 1990, HP Part No. 5959-6563

3. The HP-GL/2 Reference Guide, Hewlett-Packard
   Addison-Wesley, 1990, ISBN 0-201-56308-8

4. Dynamische System und Fraktale, Becker/Dörfler
   Verlag Vieweg, 1989, ISBN 3-528-24461-5

5. The Beauty of Fractals, Peitgen/Richter
   Springer Verlag, 1986, ISBN 3-540-15851-0

E Sachwortverzeichnis

Der große Software-Trainer WORD 5.5

von Ernst Tiemeyer

*1991. XVIII, 499 Seiten mit zwei Disketten. Gebunden.
ISBN 3-528-05190-6*

Dieses Buch vermittelt dem Word 5.5-Anwender Schritt für Schritt das notwendige Know-how, um alle Features dieses „Textverarbeitungsklassikers" einsetzen zu können. Die Installation, die Erstellung und Bearbeitung von einfachen Dokumenten sowie die Handhabung der neuen SAA-konformen Benutzerschnittstelle bilden Schwerpunkte der Anfangskapitel. Des weiteren werden fortgeschrittene Dokumentgestaltungstechniken, Serienbriefhandling, Druckformatvorlagen, Grafikeinbindung sowie Makros en détail dargestellt.

Verlag Vieweg · Postfach 58 29 · D-6200 Wiesbaden